铜仁市土壤污染综合防治先行区建设基础研究与实践应用

贵州黔大生态环境与健康研究院 组编

科学出版社

北 京

内 容 简 介

本书是国内第一本介绍国家土壤污染综合防治先行区建设的专著,从理论和实践两个视角,全面阐述了作为全国六大国家级土壤污染综合防治先行区之一的贵州省铜仁市,是如何依托相关科学研究成果和土壤污染防治实践,结合国家对土壤污染综合防治先行区建设的定位开展先行先试的。本书主要内容包括铜仁市土壤污染综合防治先行区的建设背景、重金属污染状况及以汞污染为主的相关理论基础、技术研发及模式创新、监管能力建设和典型工程案例。总结出铜仁市土壤污染综合防治先行区建设的主要成效、经验模式,并提出先行区建设对开展全国土壤污染治理与安全利用工作的启示与展望。

本书可供环境科学、环境工程、生态学和环境地球化学等相关专业的教师、研究生和本科生参考,也可供从事土壤重金属污染修复的科研人员、工程技术人员和管理人员参考。

图书在版编目(CIP)数据

铜仁市土壤污染综合防治先行区建设基础研究与实践应用 / 贵州黔大生态环境与健康研究院组编. —北京:科学出版社,2022.10

ISBN 978-7-03-073470-9

Ⅰ. ①铜… Ⅱ. ①贵… Ⅲ. ①土壤污染-污染防治-研究-铜仁 Ⅳ. ①X53

中国版本图书馆 CIP 数据核字(2022)第 189125 号

责任编辑:李小锐 / 责任校对:彭 映
责任印制:罗 科 / 封面设计:墨创文化

科 学 出 版 社 出版
北京东黄城根北街 16 号
邮政编码:100717
http://www.sciencep.com

成都锦瑞印刷有限责任公司 印刷
科学出版社发行 各地新华书店经销

*

2022 年 10 月第 一 版 开本:720 × 1000 1/16
2022 年 10 月第一次印刷 印张:8
字数:200 000

定价:108.00 元
(如有印装质量问题,我社负责调换)

《铜仁市土壤污染综合防治先行区建设基础研究与实践应用》编委会

前　　言

　　汞是有毒污染物，被我国和美国环境保护署、欧盟等多个国家或组织列为优先控制污染物，也是唯一通过国际公约——《关于汞的水俣公约》进行全面控制的重金属。除自然活动外，人为活动向环境中排放了大量的含汞污染物。在众多人为活动中，汞矿开采和冶炼活动是重要的汞污染源。我国大部分汞矿床分布在西南区域，常年的汞矿开采和冶炼活动导致汞矿区环境汞污染问题异常突出：地表水和农田等均遭受不同程度的汞污染并导致汞矿区居民不同程度的汞暴露健康风险，大量的含汞固体废弃物遗留在矿区内并成为汞污染源。实施汞矿区汞污染综合治理，控制汞污染风险，降低矿区居民的汞暴露健康风险迫在眉睫。然而，汞矿区汞污染综合治理是一项十分艰巨和极具挑战性的系统性科学和社会工程，不仅需要科学的汞污染防控方法，而且需要管理部门、企业和居民的深度参与，更要充分考虑社会和经济因素。

　　贵州省铜仁市境内的万山汞矿，被称为"中国汞都"，万山汞矿区环境汞污染问题具有很强的代表性，受到国内外的高度关注。2016 年 5 月，国务院印发了《土壤污染防治行动计划》，贵州省铜仁市被列为全国土壤污染综合防治六大先行区之一，力求在土壤污染源头预防、风险管控、监管能力建设等方面进行探索。这充分体现了国家对贵州铜仁市土壤汞污染防控工作的重视。

　　本书由铜仁市生态环境局指导，在铜仁市生态环境局土壤生态环境与自然生态保护科收集和汇总的相关资料基础上提炼和加工完成，由贵州黔大生态环境与健康研究院组编，中国科学院地球化学研究所、生态环境部环境规划院、中国科学院南京土壤研究所、贵州大学、贵州师范大学、贵州省环境科学研究设计院、贵州省材料产业技术研究院、贵州省农业科学院、铜仁市生态环境局、铜仁学院等相关单位人员参与指导或编写。本书较为全面地总结了铜仁市土壤污染综合防治先行区（以下简称铜仁市先行区）建设情况：第 1 章介绍了铜仁市先行区建设背景、铜仁市区域概况及重金属污染状况；第 2 章介绍了铜仁市先行区建设思路、基本原则、目标与内容，以及汞污染农田安全利用与治理顶层技术路线；第 3 章介绍了汞的生物地球化学循环、硒汞交互作用，以及汞暴露健康风险评估；第 4 章展示了汞矿区汞污染源头控制阻断技术、传输过程阻断技术和风险管控及治理技术；第 5 章系统介绍了环境监管能力建设；第 6 章介绍了汞矿区废渣堆治理、汞污染土壤安全利用等典型工程案例；第 7 章总结了铜仁市先行区建设取得的主要成效、建设技术和经验模式，并对开展全国土壤污染治理与安全利用工作提出有益的启示和展望。

　　由于编者学识水平有限，书中不足和疏漏之处在所难免，敬请读者、专家、学者批评指正。

目　　录

第1章 绪 论

1.1 铜仁市土壤污染综合防治先行区建设背景

1.1.1 铜仁市土壤污染综合防治先行区启动历程

2013年1月23日，《国务院办公厅关于印发近期土壤环境保护和综合治理工作安排的通知》（国办发〔2013〕7号）在"开展土壤污染治理与修复"方面的主要任务中明确指出："以大中城市周边、重污染工矿企业、集中污染治理设施周边、重金属污染防治重点区域、集中式饮用水水源地周边、废弃物堆存场地等为重点，开展土壤污染治理与修复试点示范。在长江三角洲、珠江三角洲、西南、中南、辽中南等地区，选择被污染地块集中分布的典型区域，实施土壤污染综合治理。"

2013年4月10日，环境保护部《关于贯彻落实〈国务院办公厅关于印发近期土壤环境保护和综合治理工作安排的通知〉的通知》（环发〔2013〕46号）在"开展土壤污染治理修复试点示范"中提出，国家将在浙江省台州市、湖北省大冶市、湖南省石门市、广东省韶关市、广西壮族自治区环江市和贵州省铜仁市等地实施典型区域土壤污染综合治理项目。

2014年4月17日环境保护部和国土资源部发布的《全国土壤污染状况调查公报》显示，全国土壤环境状况总体不容乐观，部分地区土壤污染较重，耕地土壤环境质量堪忧，工矿业废弃地土壤环境问题突出。工矿业、农业等人为活动以及土壤地质背景值高是造成土壤污染或超标的主要原因。

2014年10月28日，《贵州省铜仁市土壤污染综合防治示范区建设方案》通过专家评审。

2015年7月21日，环境保护部在京主持召开了"国家土壤污染综合防治先行区建设"启动会。会议明确了国家土壤污染综合防治先行区建设推进路线图和重点内容。自此，我国拉开了土壤治理的序幕。

2016年5月28日，国务院印发了《土壤污染防治行动计划》（国发〔2016〕31号），明确提出建设综合防治先行区。贵州省铜仁市被列为全国土壤污染综合防治六个先行区之一，要求重点在土壤污染源头预防、风险管控、治理与修复、监管能力建设等方面进行探索，力争到2020年先行区土壤环境质量得到明显改善。

2017年8月16日，《关于汞的水俣公约》正式生效。在生态环境部环境保护对外合作中心和世界银行的组织领导下，由全球环境基金（global environment fund，GEF）资助，批准确定铜仁市作为中国履行《关于汞的水俣公约》能力建设项目的试点之一，开展汞流向报告制度、含汞污染地块风险评估、含汞废物回收处置技术可行性研究、大气汞监测能力提高和成果宣传等工作，以提高试点城市和国家的履约能力。国际合作项目的实施进一步推动了铜仁市汞污染土壤防治能力建设的步伐。

1.1.2　铜仁市土壤污染综合防治先行区的建设与发展

1. 铜仁市先行区建设的地方政策

2016 年，贵州省人民政府印发《贵州省土壤污染防治工作方案》（黔府发〔2016〕31 号），提出了"十三五"期间贵州省土壤污染防治目标和各项任务。提出"大力实施'净土'工程，坚持预防为主、保护优先、风险管控，突出重点区域、重点行业和重点污染物，实施分类别、分用途、分阶段综合治理，严控新增污染，逐步减少存量，促进土壤资源永续利用，加快推进生态文明试验区建设"的要求。

2. 铜仁市先行区建设的人员

2016 年 11 月，为推进落实土壤综合污染防治先行区的建设工作，铜仁市成立土壤污染防治领导小组，其在铜仁市环境保护局下设办公室，从相关区县和部门抽调精干人员办公，明确土壤污染防治各级政府及部门的职责。自此，铜仁市先行区建设正式启动。

3. 铜仁市先行区建设的内容

铜仁市先行区建设主要从土壤污染调查、土壤污染源头防控和过程阻断、汞污染土壤风险管控与治理、土壤污染防治制度体系建设这些方面进行该市土壤污染防治先行区建设。

1.2　铜仁市区域概况

1.2.1　自然地理概况

1. 地理位置与行政区划

铜仁市位于贵州省东北部，地处黔湘渝三省（直辖市）接合部，东邻湖南省，北接重庆市，西、南两面连接遵义市和黔东南苗族侗族自治州，是贵州省向东开放的门户和桥头堡,自古有"黔中各郡邑、独美于铜仁"的美誉。铜仁市行政区域总面积 18003km²,占贵州省总面积的 10.22%。全市辖碧江区、万山区、松桃苗族自治县(简称松桃县)、玉屏侗族自治县(简称玉屏县)、印江土家族苗族自治县(简称印江县)、沿河土家族自治县(简称沿河县)、江口县、石阡县、思南县、德江县、大龙经济开发区、铜仁高新技术产业开发区。

2. 气候环境

铜仁市大部分地区温暖湿润,山间、河谷气候垂直变化明显,山地地形封闭,湿度大,容易产生云雾,且湿热同季,形成夏季炎热潮湿,冬季温凉干旱,冬夏温差较大,干湿季较明显的气候条件,具有"一山有四季,十里不同天"的气候特征。

3. 地质地貌

1)地质条件

按照全国大地构造单元划分系统,铜仁市属扬子准地台中江南台隆的一部分。铜仁市地层古老,从元古宇的前震旦系、震旦系到古生界的寒武系、奥陶系等地层都有出露。铜仁市地貌基本平面格局的形成与地质构造和地层分布密切相关,受到主要地质构造线走向的控制。由于铜仁大断裂和茶凤大断裂的分割以及东西相变区的差异,形成了三大地层片区:第一片区为茶凤大断裂以东,是全市地质构造比较复杂的区域;第二片区为两大断裂带之间的区域;第三片区为铜仁大断裂以西区域。铜仁大断裂(北东向)和茶凤大断裂(北东向)是铜仁市全境三大自然片区差异明显的地质基础,加上地层沉积环境的不同和形成的江南古陆及扬子海区两大区域的相变影响,使铜仁市同属寒武纪时期的地层在岩性和沉积厚度上存在差异。

2)地形地貌

铜仁市地处云贵高原第二级台面向湘西丘陵过渡的斜坡地带,地势总体呈现西北部高东南部低的特点。全市最高点位于印江县梵净山的耸凸点,海拔 2572m;最低点在沿河县洪渡镇乌江出口省界处,海拔 205m,相对高差 2367m。铜仁市地质结构复杂,地貌类型多样,全市地貌以低中山丘陵为主,其次为高中山和河谷盆地。根据地貌类型及组合在空间上的差异,铜仁市地貌被划分为三个一级区和十个二级区。

4. 水文和水文地质

铜仁市河流属长江流域的沅江和乌江两大水系,其中沅江水系流域面积 6879km²,占全市流域面积的 38.2%;乌江水系流域面积 11124km²,占全市流域面积的 6.8%。全市河流均属山区雨源型,由降水补给形成地表径流。境内河流的发源地，除过境的舞阳河和乌江干流以外，其余均发源于武陵山脉。主要河流均沿地势向东、北东和北三面迂回流入湖南省或重庆市，一般呈放射状。全市河流多、密度大，俗称四十八溪。例如锦江干流段，10km 以上的干流有 22 条，河流总长 447.3km，河网密度为 28.8km/百 km²，为全省河网平均密度的 1.68 倍。全市年径流量为 127.42 亿 m³，地下水总储量 29 亿 m³，水能资源丰富，人均占有水量居全省首位。全市大多数区县位于乌江水源涵养区，乌江、锦江、舞阳河和松江河等四条河流构成铜仁市及黔东区域重要的生态廊道，其区域生态环境作用非常重要。

根据含水层的岩性、结构、性质和地下水赋存条件，铜仁市地下水类型包括碳酸盐岩岩溶水、基岩裂隙水和松散岩孔隙水。

5. 矿产资源

铜仁市成矿地质条件良好，矿产资源丰富。目前，已发现的矿产有 59 种，其中金属矿产有 22 种，分别为汞、锰、金、银、钨、锡、铜、铁、铅、锌、钒、钼、铂、镍、镁、铌、钽、碲、硒、铟、镓、锗。铜仁市地处湘黔汞矿带，具有丰富的汞矿资源。其中，铜仁市的万山汞矿规模最大，其汞矿资源储量位列世界第三，被誉为"中国汞都"。得天独厚的资源条件使得铜仁市一度成为国内最大、享誉全球的汞工业基地。

1）汞矿

铜仁市的汞矿床主要分布于碧江区、万山区，其次是松桃县、江口县、印江县、石阡县等地。矿体产于寒武系及下奥陶统地层的白云岩或灰岩中，受地层岩性和构造制约，矿体规模大小不一，多呈不规则状、团块状、脉状、星点状产出，属于低温热液型矿床。据统计，区内汞储量达 5 万多吨，居全国首位，其中大部分已被开采，保有资源储量 9000 多吨。

2）锰矿

锰矿是铜仁市内优势矿产资源，分布于黔湘渝交界的松桃县、碧江区、万山区、印江县、江口县、石阡县等县（区），位居全国锰矿资源储量的前列，其具有分布广、质量较好、资源潜力大等特点。目前，锰矿开采冶炼产业链已经成为继汞矿资源开采冶炼后，铜仁市经济社会发展的支柱性产业。

1.2.2　经济社会发展现状

2020 年，铜仁市生产总值 1327.79 亿元，按可比价格计算，同比增长 4.4%，其中，第一产业实现增加值 289.39 亿元，增长 6.7%；第二产业实现增加值 332.58 亿元，增长 3.2%；第三产业实现增加值 705.82 亿元，增长 4.0%。全年第一产业、第二产业和第三产业增加值占地区生产总值的比重分别为 21.8%、25.0% 和 53.2%。

1）农业

2020 年，铜仁市农林牧渔业总产值 497.56 亿元，其中，农业产值 274.49 亿元，林业产值 37.11 亿元，牧业产值 142.36 亿元，渔业产值 13.38 亿元，农林牧渔服务业产值 30.22 亿元。

2020 年，铜仁市粮食作物种植面积 387.03 万亩（1 亩≈666.67m²），油料作物种植面积 128.56 万亩，蔬菜种植面积 6.76 万亩。年末实有茶园面积 141.53 万亩，果园面积 90.44 万亩。

2020 年，铜仁市粮食总产量 234.71 万吨，其中，稻谷产量 59.59 万吨；油料产量 16.13 万吨；茶叶产量 4.25 万吨；水果产量 52.31 万吨。

2）工业

2020 年，铜仁市工业增加值 215.72 亿元。规模以上工业增加值同比增长 2.3%。在规模以上工业中，按轻重工业分，轻工业增加值同比增长 23.1%，重工业增加值同比下降 5.4%；按经济类型分，国有企业增加值同比增长 0.1%，集体企业增加值同比增长 17.6%，股份制企业增加值同比增长 5.1%，其他经济类型企业增加值同比下降 5.1%。

3）就业与扶贫

2020 年，铜仁市城镇常住居民人均可支配收入 33798 元，其中，工资收入 17117 元，经营净收入 9841 元，财产净收入 2702 元，转移净收入 4138 元。

2020 年，铜仁市农村常住居民人均可支配收入 11100 元，其中，工资性收入 5244 元，经营净收入 3466 元，财产净收入 63 元，转移净收入 2327 元。

1.2.3 土地利用现状

铜仁市拥有土地总面积 18003km²，其中，耕地 3577.19km²，占土地总面积的 19.87%；林地 11578.71km²，占 64.32%；草地 82.80km²，占 0.46%；湿地 5.63km²，占 0.03%；建设用地 1431.47km²，占 7.95%（城镇村及工矿用地 784.48km²，交通运输用地 359.47km²，水域及水利设施用地 287.52km²）；其他用途土地 1327.2km²，占 7.37%。从土地利用的角度看，铜仁市近十年来城镇化发展、交通水利等基础设施建设、生态建设等方面取得重大成绩。

1.2.4 农业种植结构

铜仁市的耕地主要分布于河谷阶地、低山河谷、低山丘陵或剥夷面，低中山山脚、山腰及山谷盆地和断陷盆地等区域。

铜仁市重点发展生态茶、中药材、生态畜牧业、蔬果、食用菌、油茶等产业，完成农业产业结构调整面积 150.5 万亩，创建 11 个样板坝区和 61 个达标坝区，全市 500 亩以上坝区农业产业结构调整 33.2 万亩；坝区流转土地 16.53 万亩，发展经济作物 17.22 万亩。新增茶叶种植面积 18 万亩、精品水果 7.08 万亩、油茶 8.99 万亩、中药材 13.95 万亩、食用菌 4.52 亿棒、蔬菜种植 215.7 万亩。

1.2.5　汞矿资源开发历史

中华人民共和国成立后，铜仁市主要汞矿企业有万山区贵州汞矿、碧江区铜仁汞矿和松桃大硐喇汞矿。

自殷商开始，就有百濮族人在黄道淘沙溪一带发现丹砂，随之有人开采露头丹砂，留下相当数量的历史老硐。秦汉时期，人们崇尚炼丹术，进一步推动了汞矿石开采和利用。古籍《新唐书》载，"垂拱二年（686 年），锦州（今贵州省铜仁市），即以光明丹砂为主贡"。宋时，"辰砂"享誉中原。此后，北宋的《太平寰宇纪》《元史》等史籍均有记载。《明史》记载更为详细，明太祖朱元璋时期（1368 年），"惟贵州大万山长官司设水银朱砂场局"即指敖寨苏葛棒坑朱砂场局和大崖土黄坑水银朱砂场局。

清初至康熙时期，铜仁汞矿业一直处于"堙塞"状态。直至清乾隆五十五年（1790 年）才在民间出现时停时采的状况。晚清时期（1840～1911 年），铜仁"矿禁"废除，不仅有民营，也有官办。1898～1908 年，英、法、德、瑞等国的专家和企业先后进入铜仁，对汞矿开展地质调查，成立了贵州历史上第一家"外资"企业——"英法水银公司"，并对碧江区和万山区汞矿进行掠夺性开采，使用先进的机器，雇用童工，强买、强租、抢夺万山汞矿，其经营 10 余年间，虽带来先进的开采及冶炼技术、设备，但开采期间造成大量工人死亡并掠走水银 700 余吨，获利 400 万银元。

民国前期，汞矿资源的开采和冶炼多为民间分散经营。第一次世界大战期间，因军火生产之需，境内不仅万山、碧江汞矿开采发展迅猛，松桃、印江、江口、思南、石阡、沿河、德江等地的汞矿开采和冶炼活动也十分活跃。民国 25～34 年（1936～1945 年），汞矿资源由国民政府资源委员会垄断开发和经营。抗日战争胜利后，汞价下跌，工人反抗情绪日益高涨，汞矿生产管理维持艰难，国民政府借"不争民利""还矿于民"等口号退出，民办涉汞企业又掀起高潮，各地大部分汞矿纷纷由地方绅士雇工经营。1946 年后，由铜仁八大商号合资成立的"黔东民生企业股份有限公司"掌握汞矿的开采权。

20 世纪 50 年代初，国家接管矿山，组建贵州汞矿，开始大规模正规化开采。为适应国家经济建设的需要，先后调集了中国有色地质一总队、贵州冶金建设有限责任公司、贵州第十九井巷公司等中央和省属县级企业在万山进行勘探、开采、冶炼。调查显示，1949 年前万山共开有矿洞 238 个，生产汞 0.8 万吨左右。1959～

1964 年，万山汞矿开采活跃，每年产量超 1000t。据统计，近 50 年汞矿开采和冶炼在万山地区形成一坑、二坑、三坑、四坑、五坑、六坑、七坑、十八坑、梅子溪和岩屋坪等 10 个采矿区，地下矿井纵横交错，形成了总长约 970km 的地下坑道，矿区地表以下 100～150m 以内已基本被挖空，多处发生地表塌陷和滑坡等现象。中华人民共和国成立初期，碧江区云场坪镇铜仁汞矿曾经作为国有重点汞开采地，主要采矿点包括：路腊采矿点、洪水洞采矿点、黄婆田采矿点、车队处采矿点、机建队采矿点、落水垉采矿点、乌角拉采矿点等。20 世纪 60 年代以后，铜仁汞矿资源逐渐枯竭并逐渐闭坑。大硐喇矿田沙落湾—回龙溪汞矿和大湾汞矿于 1963 年先后闭坑，茉莉坪汞矿于 1965 年闭坑，松桃分矿于 1987 年全面停产，路腊汞矿于 1989 年停产，铜仁汞矿于 1996 年停产。1953～1996 年，铜仁汞矿共生产汞 3680t；松桃大硐喇汞矿 1958～1982 年，开采规模为每年 500t；松桃汞矿（普觉镇一带）在 1958～1982 年共生产金属汞 1426t。

铜仁市汞矿关闭以后，相关汞矿冶炼企业依托铜仁市原有汞矿资源，整合全国汞资源入驻铜仁市万山区张家湾汞化工循环经济示范园区，推动万山区转型成为全国唯一集汞开发、生产、加工、冶炼、科研、汞废物回收等为一体的高水平汞化工基地，以及中国汞产品集散地和汞循环经济示范基地。

1.3 铜仁市汞污染现状

1.3.1 土壤汞污染

除人为活动造成的土壤汞污染外，铜仁市还属于汞的高地质背景矿化异常区。因此，人为活动叠加自然背景使得铜仁市土壤汞污染问题突出。铜仁市土壤汞含量高值区均出现在汞矿开采、冶炼、汞化工企业周边及受其影响的区域，其中面积较大的高汞土壤区域主要分布在湘黔汞矿带上的万山区、碧江区和玉屏县及普觉汞矿带上的松桃县普觉镇和碧江区坝黄镇。土壤汞含量高低与污染源的距离密切相关，呈现出随污染源距离增加而降低的趋势。

1.3.2 水体汞污染

铜仁市万山区域（黄道河、垢溪河、敖寨河、高楼坪河和下溪河）地表水体总汞（total mercury，THg）含量最大值一般出现在丰水期或枯水期[1]。靠近污染区的上游河段（THg 含量≥50ng/L）的总汞含量丰水期显著高于平水期和枯水期。水体总汞最高含量出现在丰水期的垢溪河流上游尾矿堆处。在丰水期、枯水期和平水期，垢溪河、敖寨河、高楼坪河和下溪河四条河流中总汞含量在距离尾矿堆污染源 6～8km 后降低至 50ng/L［美国环境保护署（United States Environmental Protection Agency，USEPA）建议的天然水体总汞限制值[2]］，黄道河总汞含量在污染源下游 15km 后降低至 50ng/L。由此可见，汞矿开采和冶炼活动对汞矿区地表水体的污染影响范围仅局限于汞矿废渣堆下游 6～8km 范围内（黄道河约 15km 范围内）。这种地表水中汞含量的空间变化趋势可能与河流下游地势变缓造成的颗粒物沉淀有关。地表水中大部分汞和颗粒物结合，以颗粒态汞（particulate mercury，PHg）的形态存在。当水流变缓后，颗粒态汞发生沉淀，造成汞含量降低。在汞矿区，未受汞矿渣影响的地表水和山泉水中总汞含量为 1.0～59ng/L，平均值为 14ng/L。

1.3.3　大气汞污染

相比背景区，铜仁市汞矿区未开展综合治理前大气汞含量相对较高，尤其在土法炼汞区和矿渣堆附近，大气汞含量每立方米高达上千纳克[3]。

1.3.4　农产品汞污染

土壤中的重金属被农作物可食用部分富集后，能通过食物链进入人体，给人体健康造成危害[4]。据报道，铜仁万山汞矿区番茄、白汉菜、四季豆、空心菜、白菜、辣椒、豇豆中的汞含量均显著高于我国《食品安全国家标准 食品中污染物限量》（GB 2762—2017）中所允许的最大汞含量[5]。夏吉成[6]调研了分布在万山汞矿区的 40 多种农作物可食用部分中汞的含量，发现除草莓、玉米和马铃薯外，包括水稻在内的大部分农作物可食用部分汞含量都超过我国《食品安全国家标准 食品中污染物限量》（GB 2762—2017）中所允许的最大汞含量。值得注意的是，万山汞矿区水稻籽粒中的甲基汞（methylmercury，MeHg）含量不仅超出了我国《食品安全国家标准 食品中污染物限量》（GB 2762—2017）中所允许的最大总汞含量，而且稻米中甲基汞占总汞比例普遍很高，可达 72%[7-9]。

1.3.5　土壤汞污染源

（1）万山汞矿区在 1950～1998 年排放了大量的含汞废气、废水和矿渣，具体排放量见表 1.1。这些含汞污染物进入环境后，造成了土壤、地表水和大气汞污染。

（2）万山汞矿区处于湘黔汞矿化带，地质背景汞含量高，因而该区域的土壤汞背景值相对较高。

表 1.1　万山历史上含汞废渣排放量估算结果

排污单位		汞产量/t	汞渣排放量/万 m³			开采时间	闭坑时间	地址
			炉渣	废矿渣	合计			
1949 年前		8000	139.27	43.08	182.35			具体不详
1950~1954 年各汞矿		433.2	7.54	2.33	9.87	1951 年		具体不详
1955~1995 年贵州汞矿	一坑	18761.2	25.85	7.90	33.75	1951 年	1993 年	万山镇以北 1km 扁口洞
	二坑		26.23	18.79	45.02	1958 年		万山镇东南 1.5km 杉木洞
	三坑		16.1	4.83	20.93		1975 年	万山镇以北 2.5km
	四坑		19.95	11.38	31.33	1958 年		万山镇西南 0.8km 冲脚
	五坑		33.47	11.03	44.50	1951 年	1994 年	万山镇东北 2.5km 冷风硐
	六坑		27.39	42.07	69.46	1951 年		万山镇以东 1.3km 张家湾
	七坑			0.69	0.69			万山镇以北 2.5km
	十八坑		2.48	0.35	2.83	1951 年	1976 年	万山镇以北 2.5km
	冶炼厂		146.84		146.84			万山镇以东 1.0km
	岩屋坪		28.30	2.96	31.26	1951 年	1994 年	万山镇东北 15km
	梅子溪			1.03	1.03	1978 年	1993 年	万山镇以北 4km
	合计		326.61	101.03	427.64			
1996~1998 年贵州汞矿		173.4	3.31	1.03	4.34	1998 年		二坑、机修厂、冶炼厂
总计		27367.9	476.73	147.47	624.20			

资料来源：铜仁市生态环境局。

参 考 文 献

[1]　张华. 汞矿区陆地生态系统硒对汞的生物地球化学循环影响与制约[D]. 贵阳：中国科学院地球化学研究所，2010.

[2]　Borum D，Schoeny R，Manibusan M K，et al. Water Quality Criterion for the Protection of Human Health：Methylmercury[M]. Washington D C：U.S. Environmental Protection Agency，2001.

[3]　仇广乐. 贵州省典型汞矿地区汞的环境地球化学研究[D]. 贵阳：中国科学院地球化学研究所，2005.

[4]　Granero S，Domingo J L. Levels of metals in soils of Alcalá de Henares，Spain：human health risks[J]. Environment International，2002，28（3）：159-164.

[5]　周曾艳，姚元勇，吴兰艳，等. 铜仁万山矿区土壤及主要农作物 Hg 污染分析[J]. 铜仁学院学报，2018，20（12）：122-125.

[6]　夏吉成. 贵州汞矿区安全农产品生产的农艺调控方案[D]. 贵阳：中国科学院地球化学研究所，2016.

[7]　Zhang H，Feng X B，Larssen T，et al. Bioaccumulation of methylmercury versus inorganic mercury in rice (*Oryza*

sativa L.）grain[J]. Environmental Science & Technology，2010，44（12）：4499-4504.

[8]　Meng B，Feng X B，Qiu G L，et al. Distribution patterns of inorganic mercury and methylmercury in tissues of rice （*Oryza sativa* L.）plants and possible bioaccumulation pathways[J]. Journal of Agricultural and Food Chemistry，2010，58（8）：4951-4958.

[9]　王娅，李平，吴永贵. 万山汞矿区大米汞污染及人体甲基汞暴露风险[J]. 生态学杂志，2015，34（5）：1396-1401.

第2章 铜仁市先行区建设顶层设计

2.1 铜仁市先行区建设思路

2.1.1 铜仁市先行区建设思路的出发点

我国土壤汞污染防治基础薄弱,缺少相关经验和人才储备。铜仁市先行区建设将在制度建设、汞污染风险管控与治理、监管能力建设等方面展开,旨在进一步夯实汞污染防治基础,积累经验并储备人才,提升我国土壤汞污染防治水平。

铜仁市先行区从以下三方面进行先行先试:①汞污染防治的制度体系的建立;②汞污染土壤风险管控技术的建立与集成;③适宜于经济欠发达地区土壤污染治理修复模式的建立。将此模式与地方经济、社会发展和城市开发建设密切结合起来,探索政府和社会资本合作(public-private partnership,PPP)模式。通过实践,发现问题、寻找对策、积累经验,推进污染科学化管理和控制。

2.1.2 铜仁市先行区建设的主要思路

立足铜仁市汞污染防治主要特点,着眼经济社会发展全局,以保障农产品质量安全为目标,坚持预防为主、保护优先、风险管控、综合治理的理念。在汞污染重点区域探索水-土-气协同防控模式,充分发挥科技支撑和引领作用,落实政府、部门和企业土壤污染防治的责任,形成政府主导、企业担责、公众参与、社会监督、权责明确的土壤污染防治体系。探索形成西南地质高背景区汞污染土壤防治模式,体现先行区建设成效和我国履行《关于汞的水俣公约》的示范成效,为建设国家绿色发展先行示范区提供重要保障。

2.2 铜仁市先行区建设基本原则

以"风险管控"为主线,强化源头防控,突出重点区域,凸显示范引领,加强制度保障。

（1）夯实基础，突出重点。以汞污染问题突出的铜仁市万山区敖寨河流域、下溪河流域、黄道河流域和流域周边汞污染农田，以及铜仁市碧江区瓦屋乡司前大坝等为重点示范区域。对这些区域开展汞污染防治的基础和管理制度等探索。

（2）两个导向，先行先试。以解决突出问题（含汞冶炼废渣堆放、尾矿库风险处置和汞污染农田）、国家先行区建设和考核指标要求为导向，以风险管控为指导思想，持续推进重点废渣堆和尾矿库风险管控工程，重点推进汞污染农田风险管控和治理示范工程，构建汞矿区汞污染风险管控、安全利用、治理修复技术体系。

（3）预防为主，保护优先。坚持保护优先，防治结合的基本原则。落实土地利用规划等相关文件的要求。严把开发建设活动的土壤环境准入条件，确保在实施城镇化、工业化过程中，严格执行行业准入制度，总量控制和达标排放，确保环境影响评价等制度能贯彻落实。从源头上防范环境风险，做到早发现、早预防、早处置。

（4）分类管控，制度保障。区分用地类型、污染程度、风险程度等，实施分类管控措施。对农用地按照其汞污染程度实施分类管理，对建设用地按不同用途实施准入管理，对未利用地则重点提出污染预防措施。

（5）依靠科技，科学治理。加强汞污染防控技术的研究、开发、实践和推广，积极探索适合不同区域特点的治理技术，充分发挥科技支撑作用，以技术创新推动土壤环境问题的解决，推进污染科学化管理和控制。

（6）部门联动，分工负责。管理部门需有序整合分工，加强不同部门联动配合。建立科学合理的管理和考核制度，确保先行区建设工作稳步推进。

2.3　铜仁市先行区建设目标与内容

2.3.1　铜仁市先行区建设目标

（1）基础性工作：查明铜仁市农用地土壤污染的分布范围和面积，并完成重点区域农用地土壤污染详细调查；启动铜仁市重点行业企业污染地块详细调查；从总体上掌握铜仁市土壤环境质量。

（2）建立土壤环境监管制度体系和联动工作机制：制定相关土壤环境保护制度；初步构建各级政府及各部门全过程联动管理体系，有效进行环境监管和行政执法。

（3）突出示范：启动并推进重点监管企业污染物排放稳定达标示范工程、典型含汞废渣和尾矿库综合整治项目工程，以及典型区域汞污染农田风险管控和治理示范工程建设，从而促进和激励企业加强社会责任意识。

全面摸清铜仁市土壤污染底数；健全土壤环境管理体制，提升土壤环境监管能力；重点监管企业进一步提高清洁生产水平，使源头阻断、过程控制、末端治理、废物处置等环节得到改善；对主要尾矿库和历史遗留废渣等汞污染源进行科学管理，降低其环境风险；加强对污染企业公民的道德约束，为企业环境保护提供内生动力，形成具有铜仁特色的汞污染防治模式。

2.3.2　铜仁市先行区建设内容

铜仁市先行区建设的内容主要包括：

1. 土壤污染调查

开展铜仁市农用地土壤污染状况详查和铜仁市重点行业企业用地土壤污染状况调查，全面掌握铜仁市土壤环境质量状况。

2. 土壤污染源头防控和过程阻断

1）重点监管企业污染物排放控制技术

掌握铜仁市涉汞企业相关情况，形成典型涉汞企业汞排放控制方案，从源头产生到末端治理全过程管控，实现含汞尾气稳定达标排放。

2）矿渣和尾矿库环境风险管控与治理示范

摸清铜仁市含汞废渣和尾矿库处置现状，开展典型含汞废渣综合整治工程，构建汞矿区废渣治理的技术方案。

3）汞污染过程阻断

实施汞矿区地表水和河道底泥综合治理，阻断含汞污染物的迁移。

3. 汞污染土壤风险管控与治理

1）典型汞污染农田风险管控和安全利用

根据铜仁市农田土壤环境质量调查结果，对汞污染农田实施分类治理。依据土壤质量类别，将示范区农田划分为三类：未污染和轻微污染、轻度和中度污染、重度污染。对未污染和轻微污染的农田实施优先保护，轻度和中度污染的农田实施安全利用，重度污染的农田实施严格管控。

2）建设用地风险管控

建立建设用地管理制度，形成铜仁市重点监管在产企业和历史遗留污染地块的风险管理制度。分析和识别重点污染源、重点行业的汞污染程度、环境污染特征及环境风险，确定优先控制目标清单。

3）典型汞污染场地修复

开展典型汞污染场地治理修复示范工程，统筹考虑水体、土壤、气体、废渣等污染物，形成一套工程效益显著的汞污染场地控制方案，该方案应具有经济上可承受、技术上可实施、综合效益最佳的特点，最终实现污染场地风险有效管控。

4. 土壤污染防治制度体系建设

建立铜仁市农用地分类管理制度、建设用地准入管理制度、土壤污染源头防控制度、治理与修复工程全过程管理制度，并构建各级政府和各部门联动管理体系。发挥土壤污染防治制度保障和引领作用，充分体现以人为本、预防为主、防治结合、全过程控制的管理原则。

2.4 汞污染农田安全利用与治理顶层技术路线

能修复大面积汞污染农田的修复方案需具备以下三个特征：技术可行、成本合理和农民收益不减。中国科学院地球化学研究所汞污染土壤修复团队经过多年的研究，摸索出了能规模化应用，并可同时实现"风险管控＋精准脱贫"双重国家攻坚战目标的顶层技术路线（图2.1）。该技术路线以"农艺调控＋辅助技术"为核心，通过农艺调控辅以其他土壤修复技术，实现在汞污染农田中农作物安全生产，保障农作物质量安全和农民收益不减。该技术路线的主要环节包括：①开展污染农田的精确调查，确定污染地块及非污染地块清单；②确定种植在污染地块的传统农作物对汞的富集特征，列出这些农作物富集汞的"正负清单"；③针对污染地块清单，实施农艺调控等风险管控措施。

2.4.1 汞污染农田安全利用与治理技术路线的优势

该技术路线的优势包括：采用高效、经济、绿色的修复技术，以点带面，可快速实现大面积推广；既能保障农作物质量安全，降低居民汞暴露健康风险，又能稳定农民经济收益，带动农民生产积极性。

2.4.2 汞污染农田安全利用与治理的操作流程

1. 区域地块精准调查

调查试验区地块内的土壤、灌溉水源、大气和地-气汞交换通量等，掌握试验区的土壤、水体和大气汞污染特征，以及地-气汞交换通量特征。根据试验区域土

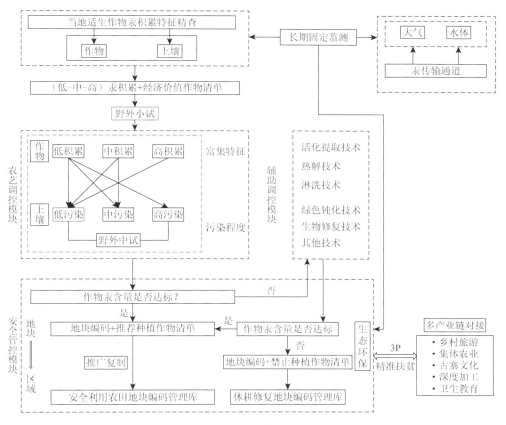

图 2.1　汞污染农田安全利用与治理技术路线

地利用现状和汞污染程度进行分级，划分出高、中、低汞污染旱田和水田，为汞污染土壤"一地一策"治理方案制定提供基础信息。

2. 农作物精准调查

对试验区及周边农田的农作物进行调研，包括农作物的品种、种植范围、作物生长周期、作物种植方式、作物对汞的富集程度、作物经济价值等情况。分析调研结果，筛选出适宜于不同汞污染水平农田种植的低富集汞的农作物，并将这些农作物进一步在不同类型和汞污染水平的农田进行试验。

3. 农作物检测和监测

对试验区农作物进行科学管理，在农作物生长季中对灌溉水、降水、大气汞、农作物植株汞含量、农作物产量等进行监测。根据监测数据，分析在不同类别和汞污染水平农田种植的农作物汞含量及环境影响因素。对于汞含量低于《食品安全国家标准　食品中污染物限量》（GB 2762—2017）的农作物，编入作物安全生产清单。参照试验结果，筛选出汞含量达标率稳定和经济附加值高的农作物。对于汞含量超标的农作物，编入农作物负面清单，种植这类农作物需要对农田进行调控或修复使农作物汞含量达标。

4. 农产品安全管控

对种植农作物汞含量超标的地块，需对其进行修复来保证农产品汞含量达标。经修复后农作物汞含量仍无法达标的地块，可改种经济作物等。对已经产生的汞含量超标农作物，需采取措施避免流入市场，并采取必要手段将其资源化。

5. 试验区农艺调控农作物规模化效应阶段

以农作物品种、农作物经济价值、农作物种植方案、农田利用类型和土壤修复技术为主要内容，建立汞污染农田安全利用数据库，逐步探索运作模式，为汞污染农田分区治理提供基础数据及技术支撑。加强与管理部门（土肥站、种子站等）的协作，大力推广经济价值（附加值）高的低积累汞的农作物，形成规模化效应，打造特色绿色农产品基地，形成修复区域"一村一品"的特色农产品生产基地。

6. 试验区农作物种植结构调整及产业链对接

以生态环保产业作为杠杆，结合当地乡村旅游、古寨文化、特色餐饮、深度加工、卫生教育、集体农业等特点形成多产业链对接，同时与农村精准扶贫工作相结合，形成倍增效应，帮助当地居民降低汞污染健康风险并同步脱贫致富。例如，在汞矿区某些村寨原有的油菜花旅游节的基础上推广低积累汞的油菜品种，这样在旅游经济效益的基础上，通过对汞含量达标的油菜籽深加工形成质量安全的菜籽油产品可形成新的经济增长点。

第 3 章　科技支撑理论基础

3.1　汞的生物地球化学循环

3.1.1　汞矿区汞的生物地球化学循环

汞是一种在岩石圈、水圈、大气圈和生物圈均普遍存在，且具有特殊物理化学性质的重金属元素，可以在不同生态系统中进行复杂的生物地球化学循环[1]。

生物体汞暴露程度是人们最关心的问题，人类对汞污染危害的认识始于 20 世纪五六十年代——日本震惊世界的"水俣病"。此外，伊拉克、巴西、印度尼西亚、美国等国家也发生过汞中毒事件。20 世纪 80 年代初期，我国吉林省松花江出现过严重的甲基汞污染事件。汞中毒主要分为无机汞中毒和甲基汞中毒。无机汞的吸收主要通过呼吸、口腔摄取和皮肤吸收进入人体大脑、甲状腺及内脏等器官组织，引起神经毒性和肾脏病变等。人体甲基汞的暴露途径主要是食用鱼类或稻米[2, 3]。食物中的大部分甲基汞能被人体吸收[4]，甲基汞能通过血脑和胎盘屏障引起中枢神经系统的永久损伤和胎儿畸形，甲基汞在人体内的半衰期为 70～80d[4]。

1. 水体中的汞

1）水体汞

天然水中，汞以 0、+1 和 +2 价三种无机价态和有机结合态形式存在[5]。单质汞（Hg^0）、一价汞（Hg^+）和二价汞（Hg^{2+}）在不同氧化还原条件下可以互相转化。天然水体中有机汞主要有甲基汞和二甲基汞（dimethylmercury，DMHg）两种形态。其中，甲基汞比较常见且稳定，主要是 Hg^{2+} 甲基化而来，但部分甲基汞在微生物去甲基化作用下或者光化学反应中可分解成 Hg^0 和 Hg^{2+}。二甲基汞易挥发，主要存在于海水中。按照汞在湖泊水体中的赋存状态、性质及分析操作程序，可将水体中的汞分为 THg、溶解态汞（dissolved mercury，DHg）、颗粒态汞（PHg）、活性汞（reactive mercury，RHg）、溶解气态汞（dissolved gaseous mercury，DGM）、总甲基汞（total methylmercury，TMeHg）、溶解态甲基汞（dissolved methylmercury，DMeHg）及颗粒态甲基汞（particulate methylmercury，PMeHg）。

一般而言，天然水体中汞含量非常低，未受污染的淡水中总汞浓度常常低于

5ng/L；但在有机质含量较高的湖泊或颗粒物含量较高的河流中，总汞浓度可达10~20ng/L[6]。海水中汞浓度低至0.1~0.8ng/L。水体中甲基汞浓度通常很低，在海洋和河口，甲基汞占总汞的比例一般低于5%[7]，沉积物中甲基汞占总汞比例一般为1%~1.5%[8]。水体中的汞主要来自大气干湿沉降、雨水冲刷下土壤汞的进入及含汞工业废水的排放等。

汞在水生生态系统的循环是一个复杂的过程，不同形态的有机汞和无机汞进入水体后，会在水、沉积物、生物体和大气间发生迁移和转化。水中的气态单质汞在有氧化剂存在的条件下被氧化成 Hg^{2+}，去甲基化作用、细菌活动、水中富里酸和胡敏酸的还原作用等过程又能将 Hg^{2+} 转化为 Hg^0。此外，表层水体中光致还原作用也是产生 Hg^0 的主要原因，当水中的 Hg^0 过饱和时，就会释放到大气中。

水中无机汞向甲基汞的转化过程是汞在水生生态系统循环的关键。湖泊水体中一部分 Hg^{2+} 可在厌氧的静水层和沉积物中通过生物和非生物作用形成甲基汞，并经由食物链的放大作用，最终富集在营养级别高的生物体内。另一部分 Hg^{2+} 吸附在颗粒物表面，并随其沉降至水底沉积物中。汞甲基化的主要影响因素包括pH、水温、氧化还原电位（oxidation-reduction potential，Eh）、溶解氧（dissolved oxygen，DO）、溶解有机碳（dissolved organic carbon，DOC）、微生物［如硫酸盐还原菌（sulfate reducing bacterium，SRB）］、SO_4^{2-} 等盐基和营养元素的含量（如S、P、Mn和Al）等。

2）汞矿区水体中的汞

万山汞矿区地表水中汞的含量变化范围较大，为1.9~12000ng/L。矿渣堆上游的采样点总汞含量（13~53ng/L）远低于矿渣堆附近的地表水，与下游支流采样点的总汞含量接近（1.0~69ng/L）。这表明矿渣堆的释汞过程可能是下游水体高汞的重要来源，对水体汞的影响远大于大气汞沉降。汞矿遗留尾矿渣和冶炼炉渣中含有大量汞的次生矿物，如 Hg^0、黑辰砂及汞的硫酸盐、氧化物和氯化物等，它们的水溶性远远高于辰砂，在地表径流和雨水的淋滤作用下会不断从炉渣中释放至水中，从而造成水中汞含量的升高[9]。

通过对万山区域河流丰水期、平水期和枯水期的三次采样及测试结果可知，丰水期、平水期和枯水期地表水中汞的含量分别为1.90~12000ng/L、2.90~1200ng/L和2.60~3200ng/L[10]。在靠近矿渣堆的河段，敖寨河与下溪河在各个时期水体总汞含量却明显不同。敖寨河地势平缓，丰水期内，河流水动力强，大量的汞随地表水流至该河段，剧烈的冲刷作用挟带了更多的汞，导致丰水期内总汞含量显著高于其他时期。下溪河河道比降大，较大的流量会带走大部分泥沙和污染物质，使总汞在丰水期出现了相对枯水期更低含量的现象。枯水期，水量较小，河流流速慢，汞结合大粒径颗粒物而滞留于该河段的概率相对较高，是导致下溪河河段水体总汞含量在枯水期最高的主要原因。另外，枯水期河流稀释作用较弱，在污染物来源稳定的情况下，会显著提升水体中总汞含量。

与水体中总汞的分布相似，颗粒态汞和溶解态汞均在矿渣堆附近出现最高值，随着距矿渣堆距离的增加，含量也迅速降低。颗粒态汞和总汞含量呈显著的正相关关系，这可能是地表径流流经矿渣堆，将大量汞污染的颗粒物带入地表水中所致。同时，炉渣中大量的易溶、亚稳态汞的次生矿物经地表风化和径流冲刷，不断地从矿渣中释放到周围水体，导致附近水体颗粒态汞和溶解态汞含量偏高。矿渣堆周边河段颗粒态汞占总汞的比例较高，是水体中汞的主要形态，丰水期、枯水期和平水期时颗粒态汞占总汞比例分别高达 92%、84%和 86%；而在下游轻度污染区，丰水期、枯水期和平水期的比例分别为 61%、59%和 62%[10]。

活性汞在环境中最易发生形态上的改变，水体中活性汞含量的高低会直接反映水体中汞的活化性能和甲基化的能力。水体中活性汞的空间分布特征与溶解态汞基本一致，即上游矿渣堆附近含量最高，可达 300～400ng/L；而下游的活性汞含量一般小于 10ng/L。活性汞占总汞的比例相对较低，丰水期、枯水期和平水期时分别为 6%、13%和 17%[10]。

2. 大气中的汞

1）大气汞

大气汞的来源主要包括原材料（如煤、天然气和石油，以及其他经开采、处理和回收的矿物质）中汞或汞杂质排放，以及用于产品和生产工艺中汞的不合理排放造成的人为源和自然界中自然产生的自然源。

与其他金属不同，汞主要以气态形式存在于大气中，其中气态单质汞（gaseous elemental mercury，GEM）占大气总汞（total atmospheric mercury，TAM）的 95% 以上[11]。其余部分主要为大气颗粒态汞（particulate bound mercury，PBM）、气态氧化汞（gaseous oxidized mercury，GOM）和气态甲基汞。GEM 溶解度小，不易沉降，在大气中滞留时间甚至可以长达 0.5～2 年，并参与全球循环；GOM 性质活泼，极易溶于水，传输距离为几十到几百千米；PBM 在大气中存在时间较短，一般认为它在释放源附近迅速发生沉降。大气汞的不同形态具有各自独特的性质，同时也能相互转化，这使得大气汞在扩散迁移过程中具有很高的复杂性。

不同形态的大气汞在大气中会发生一系列的物理化学过程，并最终沉降到地表生态系统。大气沉降是各种形态汞从大气中去除的途径，包括干沉降和湿沉降。大气干沉降是指气溶胶粒子的沉降过程。大气干沉降主要为植物叶片气孔的吸收、地表土壤吸附、水气交换等，干沉降速率一般在 0.01～0.19cm/s[12]；湿沉降是指 Hg^0 在雨水和云层中被氧化成可溶形态而随降水去除。

大气中 GEM 可能与大气中的氧化剂（如 O_3、H_2O_2、卤族元素等）发生化学反应，形成 DMHg，而 DMHg 也会被 SO_2、OH·等还原成 Hg^0[13-16]。GEM 对大气汞的沉降贡献较小，仅占总沉降量的 15%以下。PBM 和 GOM 在干湿沉降的组成有所不同，GOM 主要以干沉降进入地表生态系统，而 PBM 则主要通过湿沉降进入地表生态系统。

2）汞矿区的大气汞

万山地区由于长期的汞开采和冶炼活动，整个汞矿区的大气汞含量高。戴智慧[17]研究表明，大规模且长时间的土法炼汞活动大大提高了大气中 GEM 的浓度，GEM 可以在雨水或云层中被氧化成可溶形态，从而增加雨水中汞的含量。此外，矿石熔炼过程中汞不能被充分熔炼出来，一部分在矿石熔炼过程中附着于烟尘微粒或悬浮颗粒物上被逸散至大气环境之中，另一部分则残留在冶炼废渣之中。逸散到大气中的汞颗粒物除被降水淋洗下来外，还可以通过重力沉降、湍流扩散等过程沉降至地表。粗粒径的汞颗粒物干沉降速度往往大于细粒径的颗粒物，因而增加了降水中的汞含量。所有采集到的降水样品中，其总汞和颗粒态汞都表现出极好的相关性，即较高的总汞含量常常伴有较高颗粒态汞含量，这表明降水可有效地冲刷 PBM。由此证明研究区大气汞的去除包括干沉降和湿沉降：当大气中 GOM 或 PBM 的浓度较高时，干湿沉降都是主要的去除形式，其中 PBM 是构成干湿沉降的主要组成部分；当 GOM 或 PBM 的浓度较低时，湿沉降是主要的去除形式，主要依赖 GEM 在气相或液相中的氧化。

3. 土壤中的汞

1）土壤汞

土壤母质中的汞是土壤中汞的最基本来源。不同母质、母岩形成的土壤其含汞量存在很大差异。一般认为，地壳中汞的平均含量为 0.08mg/kg。我国背景区土壤中汞的含量为 0.006～0.27mg/kg[18]，土壤汞平均含量为 0.065mg/kg[19]。

土壤中汞的外来源主要是大气沉降、工业生产废料、城市生活垃圾的堆放、农田耕作中不合理施用含汞肥料和农药及污水灌溉等。大气沉降是土壤汞的重要来源之一。大气汞通过干湿沉降进入土壤，被土壤吸附或固定，富集于土壤表层。研究显示，三江平原湿地的主要汞来源就是大气沉降[20]。含汞肥料和农药大面积施用会将其中的汞带入土壤中[21]。在土壤中，汞经复杂的物理、化学、生物和微生物过程，大部分以各种形态固定于土壤中，部分被植物吸收，少部分在一定条件下以气态汞的形式释放到大气中。因此，土壤既是大气汞的"汇"，又是"源"，在汞的生物地球化学循环中起着重要作用。

土壤中的汞以多种形态存在。土壤中常见的无机汞是硫化汞及被土壤腐殖质吸附和螯合的汞等。常见的有机汞是甲基汞。冯新斌等[22]研究发现，针对人为因素造成的农田土壤汞污染的情况，汞主要以难氧化的有机结合态形式存在；而在地质作用所导致的汞含量异常的土壤中，汞主要以难溶态形式存在。土壤中不同形态的汞在迁移过程中，会通过微生物还原作用、有机质还原作用、化学还原作用及甲基汞的光致还原作用而生成 Hg^0。Hg^0 容易从土壤中释放出来，而且是土壤向大气释放汞的主要形态[23]。一般而言，影响土壤释汞的因素包括：土壤汞含量、光照强度、土壤温度、降水、大气汞含量等。

（1）土壤汞含量。土壤中总汞的含量是影响土壤与大气间汞交换通量的本质因素[24, 25]，与土壤中汞的有效态含量关系较小。土壤中汞挥发所需要的活化能会随着土壤中汞浓度的增加呈对数关系降低。日平均土壤释汞通量与土壤总汞含量之间呈对数相关关系。但在土壤中汞的浓度较低时（<100ng/g），通常而言，土壤释汞通量与土壤中汞浓度之间没有关系。

（2）光照强度。土壤向大气释放的 Hg^0 主要来源于土壤吸附的 Hg^0 和土壤中无机汞（Hg^{2+}/Hg^+）的还原作用。氧化态汞的还原作用主要有微生物还原作用、热还原作用、化学还原和光致还原作用[26]。其中，微生物的还原作用极其缓慢；热还原作用在较低的土壤温度（除少数地热区以外，自然界的土壤温度一般低于100℃）下较难发生，在表层土壤的自然条件下，汞的存在形态趋于稳定，迁移能力较低。而光化学还原反应进行的速率很快，因此土壤中活性汞的光化学还原反应是土壤中 Hg^0 的重要来源之一。

（3）土壤温度。早期研究发现，土壤温度与土壤释汞通量之间存在显著的相关性，温度升高气态汞化合物蒸气压增加，对于挥发性很高的种类，如 Hg^0 和 $(CH_3)_2Hg$，影响十分明显。温度升高还会导致分子热运动加剧、土壤空隙的空气体积膨胀，致使土壤的吸附能力下降，对气态汞有不同程度的解吸，促进了气态汞从土壤基质进入土壤空隙，从而提高了土壤中气态总汞的浓度[27]。

（4）降水。降水过程对土壤汞的释放有一定的促进作用。降水存在 3 种机制促进土壤释汞：雨水进入土壤孔隙后通过排气作用排出土壤中的气态汞；水分子代替吸附在土壤矿物颗粒表面的 Hg^0；吸附在土壤颗粒上的 Hg^{2+} 被解吸后进一步被光致还原。

（5）大气汞含量。各研究区大气汞来源组成不同，受土壤释汞的影响程度也有一定差异。早期研究表明，较高的土壤释汞通量会导致区域大气汞含量的升高。同时，较高大气汞含量能抑制土壤汞向大气的释放[27]。

2）汞矿区土壤中的汞

万山地区稻田土、旱地土、灌木土和林地土中总汞平均含量（范围）分别为84.72（0.12～790）mg/kg、170.35（0.30～740）mg/kg、35.12（0.13～310）mg/kg和 28.18（0.11～300）mg/kg[17]，其土壤总汞含量远超过我国土壤环境背景值

（0.076mg/kg）。汞在土壤中具有明显的空间分布特征，矿渣堆附近的土壤中汞含量最高，在距矿渣堆 4～8km 范围内汞含量急剧下降[28]。万山地区几种主要的土地利用方式中，旱地土和稻田土中汞含量显著高于另外几种土壤。

不同土地利用方式下土壤中汞含量的差异与汞的来源和迁移转化有关。矿区稻田土主要分布在河流沿岸，与矿区地表水总汞的分布一致[10]，这意味着稻田土中汞含量主要受到上游汞污染地表水的影响。稻田长期使用汞污染河水进行灌溉，使稻田土壤受到汞污染。在灌木土和林地土中，自然降水为土壤水分的主要补给源，故大气汞沉降是影响其土壤汞含量的主要因素。土法炼汞活动导致当地大气降水总汞含量达（2933±1385）ng/L，使灌木土和林地土的总汞含量显著高于背景值。

万山地区土壤垂直剖面汞的分布表明，表层土壤（0～10cm）总汞含量明显高于 20cm 及以下的土壤总汞含量。随着深度的增加，土壤总汞含量急剧降低，直至达到稳定值。土壤剖面中有机质与总汞呈相近的分布规律，高的有机质含量通常出现在土壤表层，而随着深度的增加其含量急剧下降[17]。因此，土壤总汞含量和有机质含量之间呈显著的正相关关系。研究表明，土壤有机质具有很强的络合和固定汞的能力[11, 29]。Hissler 和 Probst[30]也发现大部分大气沉降的汞都被土壤中的有机质所捕获。

大部分土壤样品的生物有效态汞浓度占总汞浓度的比例低于 0.1%。王建旭[31]利用 0.1mol/L 稀盐酸来提取土壤中生物有效态汞，其研究结果表明，土壤中生物有效态汞的含量非常低，大部分土壤样品生物有效态汞的含量在 0.001～1mg/kg，远低于总汞含量。包正铎等[32]利用连续化学浸提对万山矿区土壤进行汞形态分析，发现水溶态、可交换态和特殊吸附态含量之和低于 0.1mg/kg，占总汞比例低于 0.07%。汞是亲硫元素，进入土壤后会和土壤中含硫化合物（包括有机质等）结合，形成惰性的有机结合态和硫化汞。土壤中总汞和生物有效态汞之间无显著的线性关系。

4. 矿渣中的汞

汞矿开采和冶炼活动会产生废石和冶炼炉渣，大量的矿山废石和冶炼炉渣露天堆积于河流、沟谷、矿坑或冶炼厂附近，不仅造成严重的生态破坏，而且由于长期受地表径流和雨水淋滤等外动力地质作用的影响，矿山废石和冶炼炉渣中的汞不断释放至周围环境，造成环境的汞污染。

仇广乐[9]研究发现，汞矿区废石中汞的含量变化较大，介于 6～4350mg/kg。调查表明，万山汞矿区内盛产优质辰砂的汞矿山均经历了"采富弃贫"的掠夺式开采，大量的贫矿石被丢弃，因而导致了矿坑附近堆积的废石汞含量普遍较高。

矿区第六号矿坑附近废石中汞的高含量特征，也是上述原因造成的，该区域堆积的废石汞含量（230～370mg/kg）明显高于大水溪尾矿库上游堆积的废石汞含量（6.3～17mg/kg）。

万山汞矿区不同位置炉渣样品中总汞的含量变化很大，介于5.7～4450mg/kg。万山汞矿区高含量汞的炉渣堆，分布于第五号矿坑和第四号矿坑区域，炉渣样品总汞含量分别为33～4450mg/kg和48～1130mg/kg；分布在矿区第六号矿坑区域，炉渣样品总汞含量为5.7～6.5mg/kg，显著低于第五号矿坑和第四号矿坑炉渣堆中的炉渣总汞含量。

淋滤实验结果表明，淋滤液中的总溶解态汞含量变化很大，变化范围为0.004～130μg/L，平均值为5.6μg/L。废渣中的总汞含量与其对应的淋滤液总溶解态汞含量之间呈显著的相关关系（$r = 0.73$，$p < 0.01$），这也说明了冶炼过程能够产生大量次生的可溶性汞，存在于废渣中[33, 34]。

5. 生物体中的汞

植物可以从大气和土壤中吸收汞。水生生态系统中，动物通过摄食富集水体中的汞。人体汞暴露途径主要是食用鱼类和稻米[2, 3]。

在万山汞矿区，食用稻米是人体甲基汞暴露的主要途径，局部区域居民日甲基汞暴露量每千克体重高达1.8μg[35]，超出美国环境保护署建议的食用标准近200倍[36]。

张华[37]研究发现，稻米中无机汞含量显著低于对应土壤中的无机汞含量。相反，稻米中甲基汞含量则显著高于对应土壤中的甲基汞含量。污染区、轻度污染区及对照区的无机汞生物富集系数[37]（即稻米汞含量与土壤汞含量的比率）分别为0.0041、0.032和0.013，对应的甲基汞生物富集系数分别为5.6、6.9和4.4。甲基汞的生物富集系数普遍高出无机汞1000倍（最大为40000倍）。

几乎所有（97%）的稻米样品甲基汞生物富集系数均高于1，稻米甲基汞生物富集系数平均值为5.5～5.6，高于其他植物种类（0.55～2.7）[37]。稻米中无机汞和根部土壤中无机汞呈显著的对数正相关关系（$R^2 = 0.19$，$P < 0.01$），这表明稻田土壤中无机汞可能是稻米中无机汞的重要来源之一[37]。稻米中无机汞生物富集系数远远低于甲基汞，可能是水稻根部的"铁膜效应"阻止根部对土壤系统中无机汞的吸收所致[38]。此外，稻米甲基汞含量同水稻根部土壤甲基汞含量呈显著的对数正相关关系（$R^2 = 0.21$，$P < 0.001$），这表明水稻根部土壤甲基汞可能是稻米甲基汞的来源之一[39]。研究证实，稻田土壤环境中硫酸盐还原菌（SRB）活动非常活跃[40]，而SRB活动被认为是汞甲基化作用的重要控制因素。稻田土壤无机汞含量和甲基汞含量间呈显著的对数正相关关系（$R^2 = 0.18$，$P < 0.05$），这一结果

也证明了稻田土壤中存在汞甲基化作用。植物螯合素（phytochelatin）是一种在水稻植物体内对重金属具有解毒作用的肽，它可以阻止水稻对 Hg^{2+} 的吸收，但不能阻止对甲基汞的吸收[41]，这导致了水稻植物对无机汞和甲基汞具有不同的吸收和积累机制，同时这也很好地解释了稻米甲基汞生物富集系数远远高于无机汞的原因。

夏吉成[42]对万山汞矿区其他作物总汞研究发现，除马铃薯和部分玉米外，矿区大部分作物可食用部位汞含量超出《食品安全国家标准　食品中污染物限量》（GB 2762—2017）中规定的汞含量限值。

3.1.2　汞在农田生态系统的形态转化

陆地生态系统食物链相对于水生生态系统食物链更为简单，因此汞的生物富集和生物放大效应不显著。湿地生态系统是汞的"源"和"汇"，特别是沼泽湿地中水体含有丰富的有机质和腐殖酸，可与汞生成稳定的络合物，增强汞的迁移能力。沼泽湿地也会吸收大气沉降和径流输入的汞，形成汞的活性库[43]。稻田土壤环境是一种特殊的湿地生态系统，在水稻生长期间，稻田土壤处于淹水环境，为汞的甲基化提供了有利的厌氧条件。另外，源源不断的灌溉水为稻田土壤提供了丰富的营养物质，同时存在的土壤-水沉积界面是土壤和水进行物质与能量交换的地带。汞进入稻田土壤后，在土壤中迅速被固定而难以消除。

营养物质丰富的稻田土壤中，SRB 和铁还原菌（iron-reducing bacteria，IRB）十分活跃[44, 45]，同时也是产甲烷作用的重要场所。SRB 和 IRB 对汞在稻田土壤中的形态转化起到重要作用。在汞矿区的稻田土壤中，使汞甲基化的微生物有 δ 变形菌纲、厚壁菌门、绿弯菌门、广古菌门等[46]。Liu 等[47]发现稻田土壤中与 hgcA/B 基因相关的几种微生物分别是：阳极还原地杆菌、脱硫单胞菌和脱硫弧菌，其中脱硫弧菌已被证实具有汞甲基化的能力。在汞矿区稻田土壤中，土壤有机质、pH、总碳、总氮和总汞含量均会影响微生物 hgcA 基因的表达[48]，而间接地影响汞甲基化。稻田土壤潜在的去甲基化微生物有以下几种：细小链孢菌科、弗兰克氏菌科、分枝杆菌科和嗜热单孢菌科。Liu 等[50]研究了水稻土中不同地球化学汞库对甲基汞产生的贡献及其在水稻幼苗体内的积累，他们对比了不同无机汞形态 [包括氯化汞（$HgCl_2$）、纳米硫化汞（HgS）、与溶解有机物（dissoloved organic matter，DOM）结合的汞（Hg-DOM）、β-HgS 和 α-HgS] 对水稻生长期土壤中汞产生的影响；同时还研究了水稻在分蘖期、成穗期和成熟期的根、茎、叶和籽粒对甲基汞的吸收，并与无污染土壤（对照）进行比较，其研究结果很好地显示出汞复合物的活化和甲基化。$HgCl_2$ 和 β-HgS 处理的孔隙水中甲基汞与总汞的比值（甲基化潜力的指示）高于 Hg-DOM、α-HgS 和纳米 HgS 处理；在 5mg/kg 和 50mg/kg

汞污染土壤中，$HgCl_2$ 处理的水稻根、茎、叶和糙米中的甲基汞含量显著高于纳米 HgS、Hg-DOM、β-HgS 和 α-HgS 处理。经 $HgCl_2$ 处理的水稻籽粒对人体健康存在潜在危害，显示出高健康风险指数（health risk index，HRI＞1）。上述研究结果加强了我们对不同汞化合物污染土壤中形成的汞形态的认识，以及对土壤中不同汞化合物污染地食用含汞大米对人体健康的风险评估。

土壤中甲基汞的产生主要受汞甲基化微生物的驱动，并通过 Eh、pH、DOM、铁硫化合物、土壤质地等多种生物地球化学因素的调节，且这些因子之间相互影响、错综复杂，同时它们也影响着土壤中微生物群落和汞的生物可利用性等。

1）单质汞的氧化

通常人们认为在厌氧条件下，Hg^0 处于惰性状态，不容易发生反应。但研究显示，Hg^0 可以在厌氧条件下被巯基氧化生成 Hg^{2+}[51]。在有氧条件下，Hg^0 能通过某些化学或生物过程氧化成 Hg^{2+}[52, 53]。目前，对于土壤中 Hg^0 的氧化研究较少。

2）微生物对汞的甲基化

微生物在汞的甲基化过程中起着非常重要的作用，环境中微生物的种类和数量能在很大程度上影响汞的甲基化。早期研究证明，SRB 和 IRB 是主要的汞甲基化微生物[54, 55]。近期研究表明产甲烷菌具有汞甲基化的能力[56, 57]。微生物之间的互养作用（一种生物依靠另一种生物提供某种代谢因子或营养物而生长或促进其生长的现象）能大大提高它们甲基化汞的能力，甚至非甲基化菌株在互养作用下也能使汞发生甲基化[58, 59]。但并不是所有的 SRB、IRB 和产甲烷菌都能使汞发生甲基化，甲基化能力与微生物的特定种类并没有相关性。美国能源部橡树岭国家实验室发现 hgcA 和 hgcB 是促进汞甲基化的基因簇[60]，这两种基因广泛存在于环境微生物的基因组中。不同类型湿地中汞甲基化的微生物类群也不同。

因微生物类群不同，甲基化作用在好氧或厌氧条件下均可发生，其转化机理主要有酶促反应和非酶促反应两种。其中，非酶促反应以厌氧菌甲烷形成菌合成的甲基钴胺素作为甲基供体，在三磷酸腺苷（adenosine triphosphate，ATP）和中等还原剂存在的条件下将无机汞转化为甲基汞或二甲基汞。酶促反应过程中的甲基化在微生物的参与下进行，细菌利用培养基中的维生素，在细胞内产生转甲基酶促使甲基转移，但酶的种类目前尚不清楚。Choi 等[61]认为，甲基汞的甲基来源于丝氨酸，因为具有汞甲基化功能的硫酸盐还原菌 D.desulfuricans LS 中存在较高活性的羟甲基转移酶。该酶催化丝氨酸形成，然后转移甲基给汞形成甲基汞。与四氢叶酸结合在一起的 N5-甲基四氢叶酸在 N5-甲基四氢叶酸转甲基酶（又称甲硫氨酸合成酶）的作用下，以维生素 B_{12} 为辅酶，转甲基形成甲硫氨酸。甲硫氨酸在转甲基之前，在腺苷转移酶的催化下与 ATP 作用，生成活性甲硫氨酸——S-腺苷甲硫氨酸，在甲基转移酶的作用下将甲基转移给甲基受体。目前，国内外学者针对汞的微生物甲基化已经开展了大量的研究，但是其中一些关键过程尚不清楚，某些关键反应机理仍存在争议，如甲基化过程是细胞内反应还是细胞外反应目前尚未有定论。此外，甲基化反应是酶催化的生化反应还是自发反应也有待于商榷。

3）微生物对汞的去甲基化

沉积物中甲基汞去甲基化主要在微生物参与下完成，微生物在汞甲基化的同时也能使甲基汞去甲基化，二者是一个相对平衡的过程。由于存在 Hg—C 结合键，甲基汞的去甲基化过程比其形成更为困难[62]。汞不是生物生长所必需元素，长期暴露在高汞浓度环境的微生物会产生一定的抗汞性。目前去甲基化汞的微生物去甲基化过程机制研究尚不明确。微生物去甲基化过程可分为氧化去甲基化和还原去甲基化。还原去甲基化作用由部分抗汞微生物（*mer B*，有机汞裂解酶）引起，使甲基汞变成 Hg^{2+}，随后经由 *merA*（汞还原酶）介导还原成 Hg^0[63, 64]；氧化去甲基化作用则可能的产物为 Hg^{2+}，随后又会被甲基化[65]。有研究表明，汞浓度高且有氧条件有利于还原去甲基化的进行；而在汞浓度较低且厌氧环境中，氧化去甲基化能更好地进行[65]。研究发现在厌氧条件下，SRB、IRB 和产甲烷菌参与氧化去甲基化过程[66]，同时 IRB 还参与还原去甲基化过程[67]。高汞环境下，主要是由 *mer* 操纵子介导的去甲基化过程，低汞环境主要是氧化去甲基化过程。在厌氧条件下，SRB 和产甲烷菌被认为能引起甲基汞的氧化去甲基化，通过氧化乙酸，能将硫酸盐还原成二价硫离子同时生成二氧化碳[68]；产甲烷菌则可通过将甲基汞中的甲基氧化生成甲烷完成甲基汞的去甲基化作用[66, 69]。去甲基化作用的存在使得环境中的甲基汞浓度维持在一定水平，一旦这个过程被破坏，环境中的甲基汞浓度将会急剧升高，从而危害环境和人类健康。

4）汞的非生物作用

环境中也存在非生物作用下的汞甲基化/去甲基化过程。传统的观点认为，环境中的甲基汞主要是在微生物参与下的甲基化过程中产生，非生物甲基化过程中产生的甲基汞则可以忽略。但是，越来越多的研究表明，自然环境中非生物甲基化作用同样也广泛存在，且在汞的生物地球化学循环中扮演着非常重要的角色。Eckley 和 Hintelmann[70]发现，加拿大的众多湖泊中广泛存在非生物甲基化过程，虽然其非生物甲基化水平低于生物甲基化。此外，在某些极端环境中（很少有微生物活动），如极地同样也检测到甲基汞的存在[71]，虽然这些极端环境中甲基汞的产生机理尚不清楚。但是，目前的研究已经证实，这样的环境中确实存在非生物作用下无机汞向甲基汞的转化过程[72]。近期，Yin 等[73]利用稳定同位素示踪技术，研究了天然环境水样中碘甲烷对无机汞的光化学甲基化机理，该研究结果表明，天然环境水体中 Hg^{2+} 以及低价态的 Hg^+ 和 Hg^0 均可被碘甲烷甲基化，该反应依赖于日光照射，这为自然环境中存在光化学甲基化途径提供了有力的证据。

底泥腐殖质对汞也具有甲基化作用，腐殖质中含有包括末端甲基的脂肪族及芳香族基、羧基、醌基等官能团，这些官能团可能对汞甲基化有重要影响[74]。半胱氨酸、乙二胺四乙酸（ethylene diamine tetraacetic acid，EDTA）和柠檬酸等有机配体也能显著影响汞的非生物甲基化[75]。汞的非生物去甲基化过程除了前面提及的光降解外，水藻分解作用也可以使甲基汞发生去甲基化[76]。对于甲基汞的非生物降解途径，Khan 和 Wang[77]提出了一种甲基汞的化学去甲基化途径，即硒基氨基酸通过形成二甲基汞硒化物中间体，从而易裂解为硒化汞和二甲基汞。汞非生物甲基化受多种土壤 pH、甲基钴胺素含量、初始汞浓度、硫离子浓度的影响。当 pH、甲基钴胺素含量和汞浓度增加及硫离子浓度降低时，汞甲基化反应可被加强。

甲基汞可以降解成 Hg^0 或者 Hg^{2+}。在自然条件下，光还原是汞非生物去甲基化的主要过程。培养实验证明，在有光环境下，湖水中甲基汞的浓度比黑暗环境下的甲基汞浓度低几百倍[78]。因此，在表层湖水、湿地和海水中汞浓度低的地方，光还原可能是甲基汞的主要降解途径。而在黑暗沉积物、底层海水和湖水中，则可能是微生物作用主导甲基汞的去甲基化过程。

3.2 硒汞交互作用

3.2.1 铜仁硒汞矿

铜仁汞矿区整体位于湘西—黔东汞矿带上。自鲍振襄[79]在铜仁市万山汞矿区发现硒汞矿独立矿物以来，在铜仁市客寨、大硐喇等地陆续发现大型硒汞矿床。铜仁市万山地区硒汞矿硒（selenium，Se）平均含量达 0.56wt.%[80]。

硒、硫元素的结晶化学和它们的某些地球化学性质密切相似，其具有相似的原子结构、相同的电价、相近的原子半径和离子半径，因此硒容易以类质同象形式进入硫化物的晶格内。在辰砂中硒是一种伴生的微量元素。在富含汞与硒的岩浆热液中缺少硫或者当硫以硫酸根离子形式参与到成矿作用中时，硒会取代硫，形成硒汞矿[79, 80]。

万山地区上官溪发现的硒汞矿化学成分实测值汞为 70.02wt.%～74.06wt.%，硒为 24.13wt.%～27.05wt.%[81]。一般来说，硒除了形成少量的单一硒汞矿、含硒黑辰砂外，更多的硒则主要分散于辰砂矿物中，辰砂为本地区硒的最重要的载体矿物[80]。万山地区发现硒汞矿独立矿物的大多数汞矿床都有一个共同特点，即辰砂中普遍含硒，一般以产于微石英岩内的深色辰砂含硒量最高，并可作为副产品回收，同时矿石中的硒含量随汞含量的增高而增高（正相关系数 $R = 0.72$～0.93）[79, 80]。据陈殿芬和孙淑琼[82]的报道，万山地区辰砂中硒含量一般为 0.02wt.%～0.87wt.%，黑辰砂可高达 2.68wt.%。这些辰砂中的硫被硒取代，形成 HgS-HgSe 类质同象系列矿物。此外,沉积砂岩、灰岩中硒平均含量为 0.05～0.08mg/kg,页岩为 0.6mg/kg,含碳泥质的岩石可高达 5mg/kg[83]。

3.2.2　铜仁土壤硒分布区域特征

国内普遍采用的土壤硒含量判别准则为:土壤总硒含量(T_{Se})≤0.125mg/kg 为缺硒土壤,0.125mg/kg<T_{Se}≤0.175mg/kg 为少硒或缺硒边缘土壤,0.175mg/kg<T_{Se}≤0.400mg/kg 为中等硒或足硒土壤,0.400mg/kg<T_{Se}≤3.00mg/kg 为高硒或富硒土壤,T_{Se}>3.00mg/kg 为过剩硒土壤[84]。铜仁市发育有硒汞矿带,天然的高地质背景成因也使得土壤中硒元素含量相对地壳丰度较高,已经达到足硒或富硒水平。依据全国土壤污染状况详查情况,从整体上看,铜仁市深层土壤有 56.6%(400 多个点位)的点位样品处于足硒的水平,有 28.1%(200 多个点位)的点位样品处于富硒水平,个别样品硒的含量超过了 3.0mg/kg;从县区分布来看,铜仁市东南部松桃县、碧江区、万山区和玉屏县土壤硒含量较其他县区普遍偏高,这与铜仁市东南部硒汞矿的发育有关。土壤中总汞与总硒同样也有极好的正相关性,这表明土壤硒与汞具有相似的来源[85]。由于硒是汞矿石中的一种重要伴生元素,在矿石冶炼开采或风化淋滤等过程中,大量的硒会随着汞一同流失至周围水体及土壤环境中,造成硒汞的复合污染[86]。实际上,汞、镉、砷、铅、锑、铊等重金属元素的土壤背景值与硒元素背景值均具有较好的相关性,这表明土壤硒及其他重金属元素均来源于汞矿石。

在铜仁市的区县中,万山富硒汞矿区最为著名,受到最多关注和研究。万山汞矿区土壤含硒水平变化范围较大(0.16～36.6mg/kg),平均为 2.1mg/kg[87],与湖北恩施富硒区土壤硒含量水平相当(0.5～47.7mg/kg)[88]。依据传统的连续化学提取法,万山土壤中水溶态硒、离子交换态硒、有机结合态硒、氧化物碳酸盐态硒、硫化物态硒和残渣态硒占土壤总硒的比例分别为 1%、2%、24%、4%、50% 和 19%[87],这表明硫硒化物态硒在万山土壤中占据主要形态,土壤中硒的迁移能力和活性较低。

3.2.3　硒汞交互作用与机理

大量科学研究已经证实,硒汞交互作用是系统理解汞(或硒)环境行为及毒理效应的一个非常重要的方面,涉及地学、医学和其他专业的诸多分支学科。目前,国内外大多数有关硒汞相互作用的研究工作主要是针对水生生态系统和陆地生态系统。诸多研究聚焦于水生生态系统中硒对汞的抑制作用。相比之下,针对陆地生态系统的类似研究起步较晚。

　　早期开展的实验研究证实，在含有汞溶液的土壤中，添加亚硒酸盐（或硒酸盐）后，植物（番茄和萝卜）对汞的富集会减少[89]。其原因很可能是硒和汞作用形成了难溶的硒汞复合物沉淀，从而抑制了植物对汞的吸收。目前，针对富硒类植物（包括大豆、芥菜和大葱）硒汞作用的研究较少，主要集中在实验室模拟，且仅是关于硒和无机汞之间的相互制约作用的研究[90-95]。但从这些少数针对富硒植物的研究结果不难看出，增加根部土壤硒的供给能显著抑制无机汞在植物根部以上部位的蓄积。在我国万山汞矿区域开展的关于非富硒植物水稻的研究进一步表明，随着根围土壤环境硒浓度的增加，水稻根部以上的茎、叶和果实等不同部位对无机汞和甲基汞的转运因子（根部以上部位浓度与根部或根部土壤的浓度比率）均显著降低，表明根部土壤硒的增加可能会抑制水稻根部以上部位对根围无机汞和甲基汞的吸收、转运和富集，这一结果可能与根围环境或根部组织中汞与硒螯合生成摩尔比为 1∶1 的汞硒化合物有关[96]。McNear 等和 Wang 等[91, 93]利用 X 射线吸收近边结构和同步辐射 X 射线荧光光谱等技术证实了惰性物质 HgSe 存在于植物根部表面和土壤中。

　　与旱地相比，在湿地环境（包括水稻田）条件下，长期淹水条件下植物根围环境的微生物活动更强，根部呼吸作用更强，碳的释放更丰富，因此提供了一个更理想的能够促进硒酸盐和亚硒酸盐向还原态硒转化和汞离子向 Hg^0 还原的反应条件[97]。汞和硒之间由于存在极强的亲和力从而形成惰性不溶的 HgSe，这种惰性物质的形成限制了根围环境中生物可利用态的无机汞的利用并间接抑制了汞的甲基化过程，从而有效抑制了植物根部以上的部位对根际土壤中无机汞和甲基汞的吸收和转运能力。Zhao 等[98]发现，添加亚硒酸盐会抑制水稻对无机汞的吸收及汞由根部向上转运，降低稻米中的汞含量，且硒对无机汞的抑制作用比对甲基汞更明显，同步辐射 X 射线荧光光谱技术证实硒添加减少了汞在根表皮和维管束的分布，这表明硒汞的相互作用发生在水稻根部。Li 等[99]的田间试验结果也表明，向汞污染的土壤中添加亚硒酸盐会显著降低水稻的汞浓度，根部约有 27.8%的汞为 HgSe。此外，施加低剂量的硒会促进根表铁膜的形成，降低地上组织部分中汞的含量[100]。上述研究者较多采用向土壤中施加亚硒酸盐的方式，但施加硒酸盐和亚硒酸盐这两种方式对水稻抑制汞吸收的效果可能差别不大，主要差异取决于施加硒的剂量而非形态。但也有研究发现，亚硒酸盐和硒酸盐在抑制汞对旱地作物白菜的植物毒性方面具有不同的作用，施用亚硒酸盐对白菜根中汞含量的降低作用大于施加硒酸盐，亚硒酸盐处理的白菜地上部分汞含量降低，而硒酸盐处理的白菜地上部分汞含量却增加[101]。由此可以看出，不同形态硒的处理对白菜汞积累有不同影响。因而，土壤施硒对汞抑制作用受硒的剂量还是形态的影响，可能需针对不同植物具体分析。

　　然而与土壤施硒不同的是，叶面施硒对水稻吸收转运汞的影响可能没有这么明显。研究发现，叶面施硒会增加水稻硒含量却没有改变汞在水稻地上组织的转运和分配[93]。张璐等[102]发现，叶面喷施低质量浓度的亚硒酸钠可能会减少成熟期茎叶中汞向籽粒的转运，但叶面施硒对无机汞和甲基汞吸收转运机制仍需进一步研究。因为已有研究发现，硒的介入会显著降低与抗氧化机制、硫和谷胱甘肽代谢相关的蛋白的表达，缓解汞暴露所诱导的植物过氧化损伤[103]。硒汞同时暴露时，部分汞会与分子质量为 55~70kDa 的蛋白结合，而与 15~25kDa 结合的汞含量减少，这暗示硒可能会诱导汞与大分子蛋白结合，使得汞在植物体内转运更为困难[104]。土壤施硒使白菜补硒后，会促进白菜的生长，提高白菜中超氧化物歧化酶、过氧化物酶、过氧化氢酶、谷胱甘肽过氧化物酶的活性和叶绿素含量，同时抑制脂质过氧化产物和脯氨酸的含量[103]。因此，叶面施硒可能也会产生类似效果。

上述讨论偏重硒对汞的环境化学行为影响，考虑硒汞相互作用发生时硒汞共同参与的结果，因此硒汞相互作用对硒的行为影响也应值得关注。因为机体内汞硒络合物的生成可能会使得某些含硒酶的活性大大降低，进而影响硒的生理功能表达。而对于稻田生态系统，汞的高剂量暴露也同样会影响硒的环境地球化学行为。汞矿区稻田系统硒汞交互作用机制表明，大气新沉降的汞反应活性很强，易与土壤中硒结合生成汞硒复合物，抑制土壤中硒的有效性，使得植物吸收硒的能力降低；而叶片从大气中吸收累积的汞也可能会与叶片中的含硒基团结合生成惰性汞硒复合物，诱导硒向叶片中迁移并拮抗汞毒性的同时，也降低了叶片硒向籽粒的迁移能力[85]。

综上所述，研究发现硒汞相互作用发生在植物地下和地上组织中，但是，硒汞相互作用发生部位或界面尚缺乏深入的生物分子学层面研究。因此，相关方向应进一步聚焦，以期进一步理解相关发生机制，同时深入探讨土壤-植物体系硒汞互作相关发生机制，这对指导汞污染土壤修复等具有重要意义。

3.3　汞暴露健康风险评估

3.3.1　人体汞暴露途径

1. 人体单质汞的暴露途径

1）呼吸道暴露

汞蒸气经呼吸道吸入进入人体内是 Hg^0 的主要暴露形式，吸入的汞蒸气很容易被肺部吸收，吸收率为 80%左右[105]。大量 Hg^0 经呼吸暴露主要见于职业环境中。汞被广泛地用于各种生产工艺过程中，尤其见于采用氯碱工艺生产烧碱和氯、制造体温计和血压计、生产日光灯和荧光灯泡等行业。为了控制职业性汞暴露，许多国家制定了工作场所空气中汞蒸气浓度的标准，以及采用密闭化、自动化的生产设备等，从而保护职业人群健康。然而，小规模的人工金矿开采活动，尤其是在对河床进行水力开挖时，常将少量的液态单质汞加入泥沙浆中，使汞与沙中的金颗粒融合生成汞合金（汞齐）的沉淀物，通过对汞合金进行加热处理（如熔炼）使汞挥发而提炼出黄金。这个过程中，通常因缺乏个人防护设备使淘金工人、熔炼工人、采矿区居民经呼吸道暴露于汞蒸气。

生活中也有经呼吸道暴露汞蒸气的现象，如家中温度计、含汞灯及荧光灯泡打碎或处置不当而导致的汞泄漏，可能增加一般人群暴露的风险。据统计，仅美国每年就有 4t 汞以这种形式被释放到环境中。因此，很多国家已禁止将汞用于温度计的制造，以降低其对消费者的风险。

2）皮肤暴露

少数情况下，Hg^0 也可经皮肤吸收。例如，在生产制造体温计和血压计等测量工具，生产日光灯和荧光灯泡等产品的工艺过程中，一旦这些含汞产品被打碎或处置不当，挥发的汞蒸气除大部分从呼吸道吸入外，一部分也会通过皮肤被吸收，尤其在皮肤破损或溃烂时，汞的吸收量会增加。

3）口腔暴露

人群暴露于 Hg^0 的另一条重要途径是补牙时所用汞合金释放的汞蒸气造成口腔暴露。补牙采用的汞合金大多数标准配方中含有大约 50%的 Hg^0，其是将 Hg^0 和不同类型的金属合金组合制作而成的。这种修复牙齿的方式已经持续了 100 多年，动物实验和人群研究均显示，汞合金中的汞能穿过肺泡上皮屏障从而溶解在组织液和血液中，汞合金释放的汞蒸气对健康的潜在影响在世界范围仍受到广泛关注。

2. 人体无机汞的暴露途径

人体皮肤及各部位的黏膜都能吸收汞无机化合物。长期使用含汞制剂的人群可造成无机汞化合物被皮肤吸收和积累，如含无机汞化合物的中药、油膏、化妆品、阴道栓剂、护肤霜及汞盐作杀菌剂的使用。此外，需要引起重视的是含无机汞化合物的美白霜在某些国家仍被广泛使用，这是人群经皮肤暴露无机汞化合物的主要途径之一。

消化道暴露也是另一个人体无机汞的暴露途径，包括通过水源和食物经消化道摄入人体内的无机汞化合物及高含汞药物的食用。消化道摄入吸收率取决于溶解度，一般仅为 7%～10%，但溶解度较高的汞无机化合物（如氯化汞、乙酸汞、硝酸汞等），其吸收率可达 30%左右。

3. 人体甲基汞的暴露途径

摄食鱼类等水产品，以及食用稻米是人体甲基汞暴露的主要途径[106]。此外，接种含防腐剂硫柳汞的疫苗也可能导致人群有机汞暴露。

3.3.2 汞矿区人体汞暴露健康风险评估

食用稻米是万山汞矿区居民甲基汞暴露的主要途径[107]。有学者研究了贵州省万山汞矿区、贵州省清镇市、贵州省威宁彝族回族苗族自治县（简称威宁县）、贵州省雷山县成年居民的汞每日摄入量（probable daily intake，PDI），并与日本沿海区域妇女人群[108]、挪威普通参考人群[109]和美国普通妇女人群[110, 111]等食鱼量较高的典型国家和地区的人群进行对比，揭示万山汞矿区食用汞污染稻米造成的人群汞暴露与国外食用鱼导致汞暴露的差异。

1. 汞暴露量的估算方法

成年居民的总汞和甲基汞日均 PDI 估算公式如下：

$$PDI_{THg} = \sum (C_{THg}^i \times IR^i) / bw \qquad (3.1)$$

$$PDI_{MeHg} = \sum (C_{MeHg}^i \times IR^i) / bw \qquad (3.2)$$

式中，PDI_{THg} 和 PDI_{MeHg} 分别为估算的总汞和甲基汞日均暴露量；C_{THg} 和 C_{MeHg} 为摄入食物中暴露介质的总汞和甲基汞含量（表 3.1）；IR（intake rate）为食物中汞摄入速率（表 3.2）；i 为水、稻米、鱼类、蔬菜、玉米、肉类、禽类等可能被汞污染的物质；bw 为成人平均体重，kg。

表 3.1 万山区、清镇市、威宁县和雷山县各暴露介质中总汞和甲基汞含量

介质	单位	总汞					甲基汞				
		万山区	清镇市	威宁县	雷山县	限制值	万山区	清镇市	威宁县	雷山县	限制值
空气	ng/m³	93[a]	7.5[d]	7.5[d, e]	2.8[f]						
水	ng/L	50[a]	19[d, g]	13[h]	1.5[a]	100[c]	0.064[b]	0.22[d, g]	0.13[h]	0.047[a]	
稻米	干重，μg/kg	78[b]	5.5[a]	2.3[a]	3.2[a]	20[c]	9.3[b]	2.2[a]	1.6[a]	2.1[a]	
玉米	干重，μg/kg	2.3[a]	1.9[a]	0.71[a]	0.59[a]	20[c]	0.25[a]	0.21[a]	0.15[a]	0.13[a]	
鱼类	湿重，μg/kg	290[i]	66[j]	66[j]	66[j]		60[i]	14[e, j]	14[e, j]	14[e, j]	500[c]
蔬菜	湿重，μg/kg	130[a, k]	4.0[a]	2.5[a]	2.5[a]	10[c]	0.097[a, k]	0.032[a]	0.023[a]	2.5[a]	
肉类	湿重，μg/kg	220[k]	17[e, l]	17[e, l]	17[e, l]	50[c]	0.85[k]	0.26[e, l]	0.26[e, l]	0.26[e, l]	
禽类	湿重，μg/kg	160[m]	39[e, l]	39[e, l]	39[e, l]		2.4[m]	0.56[e, l]	0.56[e, l]	0.56[e, l]	

a 文献[112]；b 文献[37]；c 最大限制值见文献[113]；d 文献[114]；e 文献[37]；f 文献[115]；g 文献[116]；h 文献[117]；i 文献[118]；j 文献[119]；k 文献[107]；l 文献[120]；m 文献[121]。

表 3.2　不同暴露途径的成人（60kg）总汞和甲基汞的汞暴露量估算值

途径	IR	PDI$_{THg}$/(μg/d)				PDI$_{MeHg}$/(μg/d)			
		万山区	清镇市	威宁县	雷山县	万山区	清镇市	威宁县	雷山县
空气	20m³/d	1.85	0.15	0.15	0.056				
水	2L/d	0.1	0.038	0.026	0.003	0.00013	0.00044	0.00026	0.000094
稻米	600g/d	46.8	3.3	1.38	1.92	5.56	1.32	0.96	1.26
玉米	60g/d	0.11	0.11	0.043	0.035	0.015	0.013	0.009	0.0078
蔬菜	368g/d	48.6	1.47	0.92	0.92	0.036	0.012	0.0085	0.0085
肉类	79.3g/d	17.1	1.35	1.35	1.35	0.067	0.021	0.021	0.021
鱼类	1.2g/d	0.35	0.054	0.054	0.054	0.073	0.017	0.017	0.017
禽类	4.9g/d	0.77	0.19	0.19	0.19	0.011	0.0026	0.0026	0.0026
总计	μg/d	116	6.67	4.11	4.53	5.76	1.39	1.02	1.32
	μg/(kg·d)	1.93	0.11	0.069	0.075	0.096	0.023	0.017	0.022
甲基汞暴露量占总汞暴露量的比率						5%	21%	25%	29%

该估算的前提是假定以下途径的汞暴露量可忽略不计：①通过呼吸从空气中摄入的甲基汞；②金汞齐补牙摄入的汞；③通过饮料（牛奶）、食用油和盐等摄入的汞；④通过皮肤接触吸收的汞。贵州省成年居民、美国普通妇女、日本沿海区域妇女和挪威普通参考人群成人的体重估算值分别为 60kg、60kg、55kg 和 70kg。

2. 不同汞暴露途径的贡献率

万山区、清镇市、威宁县和雷山县四个区域，不同暴露介质中汞含量见表 3.1。食用稻米、蔬菜和肉类占居民 PDI$_{THg}$ 的 90%以上（威宁县略低，为 89%）[图 3.1 (a)]。其中，稻米占 34%～50%，蔬菜占到 20%～42%，肉类占到 15%～33%。鱼类、空气、禽类、玉米、饮水等占总暴露量的比例较小。就甲基汞日暴露量而言，食用稻米是最主要的汞暴露途径，占甲基汞总暴露量的 94%～96% [图 3.1 (b)]。

3. 健康风险评估

清镇市、威宁县、雷山县三个区域居民总汞日暴露量 [平均值为 0.069～0.11μg/(kg·d)，最大值为 0.31μg/(kg·d)] 均低于世界卫生组织（World Health Organization，WHO）建议的最大限制值 [0.57μg/(kg·d)] [122]。但万山地区居民总汞日暴露量平均值高于 0.57μg/(kg·d) [图 3.2 (a)]。

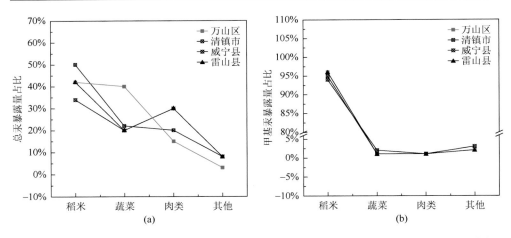

图 3.1　万山地区成人群体总汞暴露量（a）和甲基汞暴露量（b）与其他三个区域对比[37]

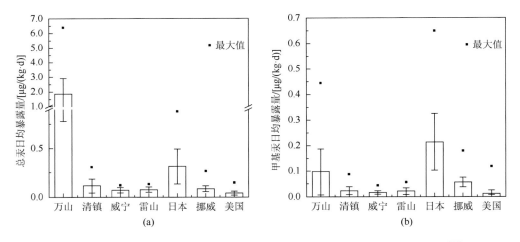

图 3.2　万山地区居民总汞（a）及甲基汞（b）暴露与国内外典型地区对比[37]

万山地区居民甲基汞日暴露量显著高于其他三个地区，其平均值（范围）为 0.096（0.015~0.45）μg/(kg·d)，59 个研究点位中大约 7% 的点位居民甲基汞暴露量超过了 JECFA 规定的最大限制值 [0.23μg/(kg·d)][123]，34% 点位居民超过美国环境保护署的最大限制值 [0.1μg/(kg·d)][124]。其他三个地区居民甲基汞日暴露量平均值为 0.017~0.023μg/(kg·d)，最大值为 0.095μg/(kg·d)［图 3.2（b）］，均低于 0.1μg/(kg·d) 最大限制值。

万山居民总汞日暴露量估算值的平均值（范围）[1.9（0.25~6.4）μg/(kg·d)]［图 3.2（a）］远高于日本沿海区域妇女人群 [0.31（0.037~0.88）μg/(kg·d)][108] 和挪威普通参考人群 [0.077（0.037~0.24）μg/(kg·d)][109]。清镇市、威宁县、雷

山县居民总汞日暴露量［平均值为 0.069~0.11μg/(kg·d)］与挪威普通参考人群接近。

与总汞暴露不同，万山居民甲基汞暴露量的平均值（范围）［0.096（0.015~0.45）μg/(kg·d)］远远低于日本沿海区域妇女［0.21（0.037~0.65）μg/(kg·d)］[108]，但高于挪威普通参考人群［0.058（0.028~0.18）μg/(kg·d)］[109]。清镇市、威宁县和雷山县居民甲基汞日暴露量低于挪威普通参考人群（尽管彼此之间的总汞暴露量类似），与美国普通妇女人群甲基汞日暴露量［0.013μg/(kg·d)[110]、0.02μg/(kg·d)[111]］接近。

贵州省与日本、挪威人群汞暴露差异表明（图 3.2），总汞日暴露量不适宜用于评估以稻米为主食的贵州居民汞暴露健康风险。因为食物中汞以无机汞为主，其毒性远远低于甲基汞，且人体对无机汞的吸收率仅为 7%[125, 105]，远低于甲基汞吸收率（95%）[4]。因此，需选择甲基汞日暴露量作为评估贵州居民汞暴露健康风险的依据。

贵州省居民总汞暴露量虽然比日本或挪威更高，但甲基汞暴露量却明显偏低［图 3.2（b）］。贵州省居民的甲基汞暴露量占总汞暴露量的 5%~29%（表 3.2）。然而，这一比率在日本、挪威及美国等国家和地区高达 75% 以上。导致这种差异性的主要原因是各国居民汞暴露途径不同，日本和挪威的居民汞暴露途径主要是摄食鱼类，而鱼类中甲基汞占总汞的比率高达 75%~95%[108, 109, 126]。不同的是，贵州省农村居民摄食鱼类少，仅为 1.2g/d[127]，且贵州省鱼体汞含量非常低（表 3.1），当地居民通过摄食鱼类导致的甲基汞暴露量仅占甲基汞总暴露量的 1%~2%，远远低于日本、欧洲及北美等食用鱼量较高的国家和地区[128]。

贵州万山汞矿区食物无机汞占总汞的比率高达 95%（如鱼类为 75%，蔬菜和肉类则为 98% 以上）。万山汞矿区 7% 居民甲基汞暴露量可能超过 0.23μg/(kg·d)限制值，34% 居民的甲基汞暴露量可能超过 0.1μg/(kg·d)的限制值，表明该地区部分居民可能面临一定的甲基汞暴露健康风险。

3.3.3 汞矿区人体汞污染负荷

头发中的汞含量可以指示人体汞暴露状况。有学者研究了万山汞矿区垢溪村、敖寨侗族乡（简称敖寨乡）、下溪侗族乡（简称下溪乡）、高楼坪侗族乡（简称高楼坪乡）、黄道侗族乡（简称黄道乡）、万山镇以及雷山县（对照区）居民头发样品中汞的含量。结果表明，不同区域居民头发中无机汞的含量由高到低为：敖寨乡＞高楼坪乡＞万山镇＞黄道乡＞垢溪村＞下溪乡［图 3.3（a）］。万山汞矿区居民头发汞含量普遍高于对照区——雷山县居民头发汞含量［图 3.3（b）］，这表明万山汞矿区居民遭受较高的无机汞暴露。在高楼坪乡，约 83% 的居民中头发甲基汞含量普遍偏高，这与该区域稻米中高的甲基汞含量相关；敖寨乡、垢溪村、万山镇和黄道乡约有 80%、76%、69% 和 64% 的居民中头发甲基汞含量超过 1mg/kg；下溪乡仅有约 11% 的居民中头发甲基汞含量超过 1mg/kg。以上数据表明，除下溪乡外，万山汞矿区大部分居民存在不同程度的甲基汞暴露健康风险。

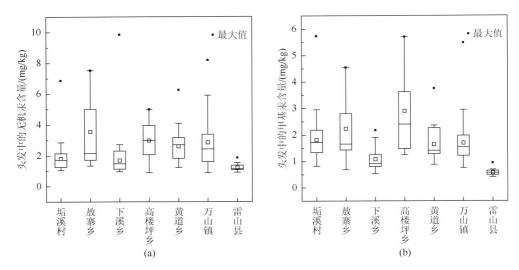

图 3.3　研究区各乡镇居民头发无机汞（a）和甲基汞（b）含量分布[129]

参 考 文 献

[1]　Kocman D. Mass balance of mercury in the Idrijca River catchment[D]. Ljubljana：Jožef Stefan International Postgraduate School，2008.

[2]　Feng X B，Wang S F，Qiu G L，et al. Total gaseous mercury emissions from soil in Guiyang，Guizhou，China[J]. Journal of Geophysical Research：Atmospheres，2005，110（D14）：D14306.

[3]　Hall B D，Bodaly R A，Fudge R J P，et al. Food as the dominant pathway of methylmercury uptake by fish[J]. Water Air and Soil Pollution，1997，100（1）：13-24.

[4]　WHO（World Health Organization）. Environmental Health Criteria 101-Methylmercury[S]. Geneva：WHO，1990.

[5]　廖自基. 微量元素的环境化学及生物效应[M]. 北京：中国环境科学出版社，1992.

[6]　Meili M. Mercury in lakes and rivers[J]. Metal ions in Biological Systems，1997，34：21-52.

[7]　Mason R P，Sullivan K A. The distribution and speciation of mercury in the South and equatorial Atlantic[J]. Deep Sea Research Part Ⅱ：Topical Studies in Oceanography，1999，46（5）：937-956.

[8]　Benoit J M，Gilmour C C，Mason R P，et al. Behavior of mercury in the Patuxent River estuary[J]. Biogeochemistry，1998，40（2）：249-265.

[9]　仇广乐. 贵州省典型汞矿地区汞的环境地球化学研究[D]. 贵阳：中国科学院地球化学研究所，2005.

[10]　Zhang H，Feng X B，Larssen T，et al. Fractionation，distribution and transport of mercury in rivers and tributaries around Wanshan Hg mining district，Guizhou province，southwestern China：Part 1—Total mercury[J]. Applied

Geochemistry，2010，25（5）：633-641.

[11]　Lindqvist O，Johansson K，Bringmark L，et al. Mercury in the Swedish environment—Recent research on causes，consequences and corrective methods[J]. Water Air and Soil Pollution，1991，55（1）：xi-261.

[12]　Poissant L，Pilote M，Xu X，et al. Atmospheric mercury speciation and deposition in the Bay St. Francois wetlands[J]. Journal of Geophysical Research：Atmospheres，2004，109（D11）：D11301.

[13]　Bergan T，Rodhe H. Oxidation of elemental mercury in the atmosphere：Constraints imposed by global scale modelling[J]. Journal of Atmospheric Chemistry，2001，40（2）：191-212.

[14]　Holmes J，Lean D. Factors that influence methylmercury flux rates from wetland sediments[J]. Science of the Total Environment，2006，368（1）：306-319.

[15]　Pal B，Ariya P A. Studies of ozone initiated reactions of gaseous mercury：Kinetics，product studies，and atmospheric implications[J]. Physical Chemistry Chemical Physics，2004，6（3）：572-579.

[16]　Sommer S G，Hutchings N. Ammonia emission from field applied manure and its reduction[J]. European Journal of Agronomy，2001，15（1）：1-15.

[17]　戴智慧. 贵州万山汞矿区典型流域汞的质量平衡[D]. 贵阳：中国科学院地球化学研究所，2012.

[18]　魏复盛，陈静生，吴燕玉，等. 中国土壤环境背景值研究[J]. 环境科学，1991，（4）：12-19.

[19]　迟清华. 汞在地壳、岩石和疏松沉积物中的分布[J]. 地球化学，2004，（6）：641-648.

[20]　刘汝海，王起超，吕宪国，等. 三江平原湿地汞的地球化学特征[J]. 环境科学学报，2002，22（5）：661-663.

[21]　宋菲，刘玉机. 含汞磷肥对土壤环境影响的研究[J]. 环境科技（辽宁），1995，15（1）：34-36.

[22]　冯新斌，陈业材，朱卫国. 土壤中汞存在形式的研究[J]. 矿物学报，1996，16（2）：218-222.

[23]　冯新斌. 贵州部分地区土壤挥发性汞释放通量及其影响因素的研究（摘要）[J]. 地质地球化学，1995，（6）：123-125.

[24]　冯新斌，陈业材，朱卫国. 土壤挥发性汞释放通量的研究[J]. 环境科学，1996，17（2）：20-22.

[25]　Gustin M S，Lindberg S E，Austin K，et al. Assessing the contribution of natural sources to regional atmospheric mercury budgets[J]. Science of the Total Environment，2000，259（1-3）：61-71.

[26]　罗遥. 我国南方典型森林生态系统汞的输入输出与迁移[D]. 北京：清华大学，2015.

[27]　Schlüter K. Evaporation of mercury from soils. An integration and synthesis of current knowledge[J]. Environmental Geology，2000，39（3-4）：249-271.

[28]　李平. 贵州省典型土法炼汞地区汞的生物地球化学循环和人体汞暴露评价[D]. 贵阳：中国科学院地球化学研究所，2008.

[29]　Biester H，Müller G，Schöler H. Binding and mobility of mercury in soils contaminated by emissions from chlor-alkali plants[J]. Science of the Total Environment，2002，284（1-3）：191-203.

[30]　Hissler C，Probst J L. Impact of mercury atmospheric deposition on soils and streams in a mountainous catchment （Vosges，France）polluted by chlor-alkali industrial activity：The important trapping role of the organic matter[J]. Science of the Total Environment，2006，361（1-3）：163-178.

[31]　王建旭. 汞矿区汞污染土壤植物提取方法建立及应用[D]. 贵阳：中国科学院地球化学研究所，2013.

[32]　包正铎，王建旭，冯新斌，等. 贵州万山汞矿区污染土壤中汞的形态分布特征[J]. 生态学杂志，2011，30（5）：907-913.

[33]　Biester H，Gosar M，Müller G. Mercury speciation in tailings of the Idrija mercury mine[J]. Journal of Geochemical Exploration，1999，65（3）：195-204.

[34]　Kim C S，Brown Jr G E，Rytuba J J. Characterization and speciation of mercury-bearing mine wastes using X-ray absorption spectroscopy[J]. Science of the Total Environment，2000，261（1-3）：157-168.

[35]　Qiu G L, Feng X B, Li P, et al. Methylmercury accumulation in rice(*Oryza sativa* L.)grown at abandoned mercury mines in Guizhou, China[J]. Journal of Agricultural and Food Chemistry, 2008, 56（7）: 2465-2468.

[36]　Keating M H. Mercury Study Report to Congress[R]. Office of Air Quality Planning and Standards and Office of Research and Development, US Environmental Protection Agency, 1997.

[37]　张华. 汞矿区陆地生态系统硒对汞的生物地球化学循环影响与制约[D]. 贵阳: 中国科学院地球化学研究所, 2010.

[38]　Tiffreau C, Lützenkirchen J, Behra P. Modeling the adsorption of mercury（Ⅱ）on（hydr）oxides: I. Amorphous iron oxide and α-quartz[J]. Journal of Colloid and Interface Science, 1995, 172（1）: 82-93.

[39]　Meng B, Feng X B, Qiu G L, et al. Distribution patterns of inorganic mercury and methylmercury in tissues of rice (*Oryza sativa* L.) plants and possible bioaccumulation pathways[J]. Journal of Agricultural and Food Chemistry, 2010, 58（8）: 4951-4958.

[40]　Wind T, Conrad R. Sulfur compounds, potential turnover of sulfate and thiosulfate, and numbers of sulfate-reducing bacteria in planted and unplanted paddy soil[J]. FEMS Microbiology Ecology, 1995, 18（4）: 257-266.

[41]　Krupp E M, Mestrot A, Wielgus J, et al. The molecular form of mercury in biota: Identification of novel mercury peptide complexes in plants[J]. Chemical Communications, 2009, （28）: 4257-4259.

[42]　夏吉成. 贵州汞矿区安全农产品生产的农艺调控方案[D]. 贵阳: 中国科学院地球化学研究所, 2016.

[43]　王起超, 刘汝海, 吕宪国, 等. 湿地汞环境过程研究进展[J]. 地球科学进展, 2002, 17（6）: 881-885.

[44]　Hori T, Müller A, Igarashi Y, et al. Identification of iron-reducing microorganisms in anoxic rice paddy soil by ^{13}C-acetate probing[J]. The ISME Journal, 2010, 4（2）: 267-278.

[45]　Stubner S, Meuser K. Detection of Desulfotomaculum in an Italian rice paddy soil by 16S ribosomal nucleic acid analyses[J]. FEMS Microbiology Ecology, 2000, 34（1）: 73-80.

[46]　Liu Y R, Yu R Q, Zheng Y M, et al. Analysis of the microbial community structure by monitoring an Hg methylation gene（*hgcA*）in paddy soils along an Hg gradient[J]. Applied and Environmental Microbiology, 2014, 80（9）: 2874-2879.

[47]　Liu Y, Johs A, Bi L, et al. Unraveling microbial communities associated with methylmercury production in paddy soils[J]. Environmental Science and Technology, 2018, 52（22）: 13110-13118.

[48]　Liu X, Ma A Z, Zhuang G Q, et al. Diversity of microbial communities potentially involved in mercury methylation in rice paddies surrounding typical mercury mining areas in China[J]. Microbiology Open, 2018, 7（4）: e00577.

[49]　Zhou X Q, Hao Y Y, Gu B H, et al. Microbial communities associated with methylmercury degradation in paddy soils[J]. Environmental Science & Technology, 2020, 54（13）: 7952-7960.

[50]　Liu J L, Wang J X, Ning Y Q, et al. Methylmercury production in a paddy soil and its uptake by rice plants as affected by different geochemical mercury pools[J]. Environment International, 2019, 129: 461-469.

[51]　Gu B, Bian Y, Miller C L, et al. Mercury reduction and complexation by natural organic matter in anoxic environments[J]. Proceedings of the National Academy of Sciences, 2011, 108（4）: 1479-1483.

[52]　Amyot M, Morel F M, Ariya P A. Dark oxidation of dissolved and liquid elemental mercury in aquatic environments[J]. Environmental Science & Technology, 2005, 39（1）: 110-114.

[53]　Smith T, Pitts K, McGarvey J A, et al. Bacterial oxidation of mercury metal vapor, Hg（0）[J]. Applied and Environmental Microbiology, 1998, 64（4）: 1328-1332.

[54]　Compeau G C, Bartha R. Sulfate-reducing bacteria: Principal methylators of mercury in anoxic estuarine

sediment[J]. Applied and Environmental Microbiology，1985，50（2）：498-502.

[55]　Fleming E J，Mack E E，Green P G，et al. Mercury methylation from unexpected sources：Molybdate-inhibited freshwater sediments and an iron-reducing bacterium[J]. Applied and Environmental Microbiology，2006，72（1）：457-464.

[56]　Hamelin S，Amyot M，Barkay T，et al. Methanogens：Principal methylators of mercury in lake periphyton[J]. Environmental Science & Technology，2011，45（18）：7693-7700.

[57]　Yu R Q，Reinfelder J R，Hines M E，et al. Mercury methylation by the methanogen *Methanospirillum hungatei*[J]. Applied and Environmental Microbiology，2013，79（20）：6325-6330.

[58]　Yu R Q. Microbial mercury methylation and demethylation：Biogeochemical mechanisms and metagenomic perspectives in freshwater ecosystems[D]. New Brunswick：Rutgers the State University of New Jersey-New Brunswick，2011.

[59]　Yu R Q，Flanders J R，Mack E E，et al. Contribution of coexisting sulfate and iron reducing bacteria to methylmercury production in freshwater river sediments[J]. Environmental Science & Technology，2012，46（5）：2684-2691.

[60]　Parks J M，Johs A，Podar M，et al. The genetic basis for bacterial mercury methylation[J]. Science，2013，339（6125）：1332-1335.

[61]　Choi S C，Chase T Jr，Bartha R. Metabolic pathways leading to mercury methylation in *Desulfovibrio desulfuricans* LS[J]. Applied and Environmental Microbiology，1994，60（11）：4072-4077.

[62]　Bridou R，Monperrus M，Gonzalez P R，et al. Simultaneous determination of mercury methylation and demethylation capacities of various sulfate-reducing bacteria using species-specific isotopic tracers[J]. Environmental Toxicology and Chemistry，2011，30（2）：337-344.

[63]　Barkay T，Miller S M，Summers A O. Bacterial mercury resistance from atoms to ecosystems[J]. FEMS Microbiology Reviews，2003，27（2-3）：355-384.

[64]　Li Y B，Mao Y X，Liu G L，et al. Degradation of methylmercury and its effects on mercury distribution and cycling in the Florida Everglades[J]. Environmental Science & Technology，2010，44（17）：6661-6666.

[65]　Barkay T，Wagner-Döbler I. Microbial transformations of mercury：Potentials，challenges，and achievements in controlling mercury toxicity in the environment[J]. Advances in Applied Microbiology，2005，57：1-52.

[66]　Oremland R S，Culbertson C W，Winfrey M R. Methylmercury decomposition in sediments and bacterial cultures：Involvement of methanogens and sulfate reducers in oxidative demethylation[J]. Applied and Environmental Microbiology，1991，57（1）：130-137.

[67]　Lu X，Liu Y R，Johs A，et al. Response to comment on "anaerobic mercury methylation and demethylation by *Geobacter bemidjiensis* bem"[J]. Environmental Science & Technology，2016，50（17）：9800-9801.

[68]　Oremland R S，Zehr J P. Formation of methane and carbon dioxide from dimethylselenide in anoxic sediments and by a methanogenic bacterium[J]. Applied & Environmental Microbiology，1986，52（5）：1031-1036.

[69]　Marvin-Dipasquale M C，Oremland R S. Bacterial methylmercury degradation in Florida everglades peat sediment[J]. Environmental Science & Technology，1998，32（17）：2556-2563.

[70]　Eckley C S，Hintelmann H. Determination of mercury methylation potentials in the water column of lakes across Canada[J]. Science of the Total Environment，2006，368（1）：111-125.

[71]　Rudd J W M. Sources of methyl mercury to freshwater ecosystems：A review[J]. Water Air and Soil Pollution，1995，80（1）：697-713.

[72]　Loseto L L，Siciliano S D，Lean D R S. Methylmercury production in High Arctic wetlands[J]. Environmental

Toxicology and Chemistry：An International Journal，2004，23（1）：17-23.

[73] Yin Y G，Li Y B，Tai C，et al. Fumigant methyl iodide can methylate inorganic mercury species in natural waters[J]. Nature Communications，2014，5（1）：1-7.

[74] 陈建华. 甲基汞的污染及汞非生物甲基化研究[D]. 中国科学院国家环保总局生态环境研究中心，1999.

[75] 黄潇. 有机配合物对汞的非生物甲基化及其影响因素研究[D]. 合肥：安徽农业大学，2014.

[76] 谷春豪，许怀凤，仇广乐. 汞的微生物甲基化与去甲基化机理研究进展[J]. 环境化学，2013，32（6）：926-936.

[77] Khan M A K，Wang F Y. Chemical demethylation of methylmercury by selenoamino acids[J]. Chemical Research in Toxicology，2010，23（7）：1202-1206.

[78] Seller P，Kelly C A，Rudd J W M，et al. Photodegradation of methylmercury in lakes[J]. Nature，1996，380（6576）：694-697.

[79] 鲍振襄. 灰硒汞矿的发现及其找矿意义[J]. 地质与勘探，1975，（1）：35-37.

[80] 鲍振襄，鲍珏敏. 湘西—黔东汞矿带硒的赋存特征[J]. 有色金属矿产与勘查，1995，（1）：30-34.

[81] 陈殿芬，孙淑琼. 湖南上关溪的硒汞矿[J]. 长春地质学院学报，1990，（1）：68-118.

[82] 陈殿芬，孙淑琼. 湘黔汞矿带中的黑辰砂和硒汞矿[J]. 岩石矿物学杂志，1991，10（1）：58-62.

[83] 黄中岐. 湖南保靖东坪汞矿中的含硒黑辰砂[J]. 矿物学报，1991，11（3）：274-277.

[84] 苏映平. 中华人民共和国地方病与环境图集[M]. 北京：科学出版社，1989.

[85] Chang C Y，Chen C Y，Yin R S，et al. Bioaccumulation of Hg in rice leaf facilitates selenium bioaccumulation in rice（*Oryza sativa* L.）leaf in the Wanshan mercury mine[J]. Environmental Science & Technology，2020，54（6）：3228-3236.

[86] Zhang H，Feng X B，Larssen T. Selenium speciation，distribution，and transport in a river catchment affected by mercury mining and smelting in Wanshan，China[J]. Applied geochemistry，2014，40（1）：1-10.

[87] Zhang H，Feng X B，Jiang C X，et al. Understanding the paradox of selenium contamination in mercury mining areas：High soil content and low accumulation in rice[J]. Environmental Pollution，2014，188（5）：27-36.

[88] Sun G X，Liu X，Williams P N，et al. Distribution and translocation of selenium from soil to grain and its speciation in paddy rice（*Oryza sativa* L.）[J]. Environmental Science & Technology，2010，44（17）：6706-6711.

[89] Shanker K，Mishra S，Srivastava S，et al. Effect of selenite and selenate on plant uptake and translocation of mercury by tomato（*Lycopersicum esculentum*）[J]. Plant and Soil，1996，183（2）：233-238.

[90] Afton S E，Caruso J A. The effect of Se antagonism on the metabolic fate of Hg in *Allium fistulosum*[J]. Journal of Analytical Atomic Spectrometry，2009，24（6）：759-766.

[91] McNear D H，Afton S E，Caruso J A. Exploring the structural basis for selenium/mercury antagonism in *Allium fistulosum*[J]. Metallomics，2012，4（3）：267-276.

[92] Mounicou S，Shah M，Meija J，et al. Localization and speciation of selenium and mercury in *Brassica juncea*—Implications for Se-Hg antagonism[J]. Journal of Analytical Atomic Spectrometry，2006，21（4）：404-412.

[93] Wang Y J，Dang F，Evans R D，et al. Mechanistic understanding of MeHg-Se antagonism in soil-rice systems：The key role of antagonism in soil[J]. Scientific Reports，2016，6（1）：1-11.

[94] Zhao J T，Gao Y X，Li Y F，et al. Selenium inhibits the phytotoxicity of mercury in garlic（*Allium sativum*）[J]. Environmental Research，2013，125：75-81.

[95] Zhao J T，Hu Y，Gao Y X，et al. Mercury modulates selenium activity via altering its accumulation and speciation in garlic（*Allium sativum*）[J]. Metallomics，2013，5（7）：896-903.

[96] Zhang H，Feng X B，Zhu J M，et al. Seleniumin soil inhibits mercury uptake and translocation in rice（*Oryza sativa* L.）[J]. Environmental Science & Technology，2012，46（18）：10040-10046.

[97] 张华，冯新斌，王祖光，等. 硒汞相互作用及机理研究进展[J]. 地球与环境，2013，41（6）：696-708.

[98] Zhao J T，Li Y F，Li Y Y，et al. Selenium modulates mercury uptake and distribution in rice（*Oryza sativa* L.），in correlation with mercury species and exposure level[J]. Metallomics，2014，6（10）：1951-1957.

[99] Li Y F，Zhao J T，Li Y Y，et al. The concentration of selenium matters：A field study on mercury accumulation in rice by selenite treatment in Qingzhen，Guizhou，China[J]. Plant and Soil，2015，391（1）：195-205.

[100] 周鑫斌，于淑慧，王文华，等. 土壤施硒对水稻根表铁膜形成和汞吸收的影响[J]. 西南大学学报（自然科学版），2014，36（1）：91-95.

[101] Tran T A T，Dinh Q T，Cui Z W，et al. Comparing the influence of selenite（Se^{4+}）and selenate（Se^{6+}）on the inhibition of the mercury（Hg）phytotoxicity to pak choi[J]. Ecotoxicology and Environmental Safety，2018，147：897-904.

[102] 张璐，周鑫斌，苏婷婷. 叶面施硒对水稻各生育期镉汞吸收的影响[J]. 西南大学学报（自然科学版），2017，39（7）：50-56.

[103] Tran T A T，Zhou F，Yang W X，et al. Detoxification of mercury in soil by selenite and related mechanisms[J]. Ecotoxicology and Environmental Safety，2018，159：77-84.

[104] Li Y Y，Li H，Li Y F，et al. Evidence for molecular antagonistic mechanism between mercury and selenium in rice（*Oryza sativa* L.）：A combined study using 1，2-dimensional electrophoresis and SR-XRF techniques[J]. Journal of Trace Elements in Medicine and Biology，2018，50：435-440.

[105] WHO（World Health Organization）. Environmental Health Criteria 118- Inorganic Mercury[S]. Geneva：WHO，1991.

[106] 魏艳红，郭建强，陈志明，等. 环境汞污染对人体健康的影响及预防措施[J]. 大众科技，2014，16（3）：59-61.

[107] Feng X B，Li P，Qiu G L，et al. Human exposure to methylmercury through rice intake in mercury mining areas，Guizhou province，China[J]. Environmental Science & Technology，2008，42（1）：326-332.

[108] Iwasaki Y，Sakamoto M，Nakai K，et al. Estimation of daily mercury intake from seafood in Japanese women：Akita cross-sectional study[J]. The Tohoku Journal of Experimental Medicine，2003，200（2）：67-73.

[109] Mangerud G. Dietary mercury exposure in selected Norwegian Municipalities：The Norwegian fish and game study，part C[D]. Västra Frölunda：Nordic School of Public Health，2005.

[110] Carrington C D，Bolger M P. An exposure assessment for methylmercury from seafood for consumers in the United States[J]. Risk Analysis，2002，22（4）：689-699.

[111] Mahaffey K R，Clickner R P，Bodurow C C. Blood organic mercury and dietary mercury intake：National Health and Nutrition Examination Survey，1999 and 2000[J]. Environmental Health Perspectives，2004，112（5）：562-570.

[112] Zhang H，Feng X B，Larssen T，et al. In inland China，rice，rather than fish，is the major pathway for methylmercury exposure[J]. Environmental Health Perspectives，2010，118（9）：1183-1188.

[113] 中华人民共和国国家质量监督检验检疫总局，中国国家标准化管理委员会. 食品中污染物限量：GB 2762—2005[S]. 北京：中国标准出版社. 2005：171-173.

[114] Feng X B，Yan H Y，Wang S F，et al. Seasonal variation of gaseous mercury exchange rate between air and water surface over Baihua reservoir，Guizhou，China[J]. Atmospheric Environment，2004，38（28）：4721-4732.

[115] Fu X W，Feng X，Dong Z Q，et al. Atmospheric total gaseous mercury（TGM）concentrations and wet and dry deposition of mercury at a high-altitude mountain peak in south China[J]. Atmospheric Chemistry & Physics Discussions，2009，9（6）：23465-23504.

[116] He T R，Feng X B，Guo Y N，et al. The impact of eutrophication on the biogeochemical cycling of mercury species in a reservoir：A case study from Hongfeng Reservoir，Guizhou，China[J]. Environmental Pollution，2008，154

（1）：56-67.

[117] Feng X B，Li G H，Qiu G L. A preliminary study on mercury contamination to the environment from artisanal zinc smelting using indigenous methods in Hezhang county，Guizhou，China—Part 1：Mercury emission from zinc smelting and its influences on the surface waters[J]. Atmospheric Environment，2004，38（36）：6223-6230.

[118] Qiu G L，Feng X B，Wang S F，et al. Mercury distribution and speciation in water and fish from abandoned Hg mines in Wanshan，Guizhou province，China[J]. Science of the Total Environment，2009，407（18）：5162-5168.

[119] Li S X，Zhou L F，Wang H J，et al. Feeding habits and habitats preferences affecting mercury bioaccumulation in 37 subtropical fish species from Wujiang River，China[J]. Ecotoxicology，2009，18（2）：204-210.

[120] Cheng J P，Gao L L，Zhao W C，et al. Mercury levels in fisherman and their household members in Zhoushan，China：Impact of public health[J]. Science of the Total Environment，2009，407（8）：2625-2630.

[121] Ji X L，Hu W X，Cheng J P，et al. Oxidative stress on domestic ducks（Shaoxing duck）chronically exposed in a mercury-selenium coexisting mining area in China[J]. Ecotoxicology and Environmental Safety，2006，64（2）：171-177.

[122] JECFA（Joint FAO/WHO Expert Committee on Food Additives）. Joint FAO/WHO Food Standards Programme. Committee of the Codex Alimentarius Commission. Thirty third session[C]，Geneva，2010.

[123] JECFA（Joint FAO/WHO Expert Committee on Food Additives）. Sixty-firstmeeting，summary and conclusions[C]. Rome，2003.

[124] USEPA（United States Environmental Protection Agency）. Water quality criterion for the protection of human health methylmercury[S]. Office of Science and Technology Office of Water U.S.Environmental Protection Agency. Washington，DC，2001.

[125] Clarkson T W，Magos L. The toxicology of mercury and its chemical compounds[J]. Critical Reviews in Toxicology，2006，36（8）：609-662.

[126] Bloom N S. On the chemical form of mercury in edible fish and marine invertebrate tissue[J]. Canadian Journal of Fisheries and Aquatic Sciences，1992，49（5）：1010-1017.

[127] 贵州省统计局，国家统计局贵州调查总队. 贵州统计年鉴 2006[M]. 北京：中国统计出版社，2006.

[128] Mergler D，Anderson H A，Chan L H M，et al. Methylmercury exposure and health effects in humans：A worldwide concern[J]. AMBIO：A Journal of the Human Environment，2007，36（1）：3-11.

[129] 高令健. 贵州省万山汞矿区汞风险评估与管控建议[D]. 贵阳：中国科学院地球化学研究所，2020.

第4章　技术研发及模式创新

本章介绍汞矿区汞污染源控制、汞污染过程阻断和末端治理，主要包括涉汞企业源头控制阻断技术、汞污染传输过程阻断技术、汞污染风险管控及治理技术。

4.1　源头控制阻断技术

4.1.1　矿区矿渣堆治理技术

1. 汞矿区废渣源头控制

贵州省铜仁市汞矿开采产生的固体废弃物主要堆放在 6 个尾矿库。①大水溪尾矿库：该尾矿库位于大水溪沟尾，主要堆放老矿坑、一坑和冶炼厂废石、尾渣及十八坑尾渣。②冷风硐尾矿库：该尾矿库位于大水溪尾部左侧支沟，主要堆放五坑废石和矿渣。③大坪坑尾矿库：该尾矿库位于淘沙溪尾部左侧支沟，杉木董附近，主要堆放二坑、六坑、七坑和选矿场废渣。④十八坑尾矿库：该尾矿库位于梅子溪尾部右岸雾洞冲附近支沟，主要堆放三坑和十八坑废石。⑤冲脚一号尾矿库和冲脚二号尾矿库：该尾矿库位于高楼坪河尾部左侧支沟两岸，主要堆放四坑废渣。除以上这些尾矿库外，铜仁市碧江区、万山区和松桃苗族自治县等区域还存有未治理的历史遗留含汞废渣。

尾矿库大部分位于矿区河流上游，因而一旦发生泄漏，含汞污染物将随河流向下游迁移，存在重大的安全隐患。铜仁市按照国家土壤污染综合防治先行区建设的要求——"重点在土壤污染源头预防、风险管控、治理与修复、监管能力建设等方面进行探索"，加大了对历史遗留废渣的整治力度，实施含汞历史遗留废渣治理项目 23 个（表 4.1），有效解决了历史遗留废渣环境问题，切断了含汞废渣向周边环境迁移的途径，降低了环境风险。

表 4.1　铜仁市近年来实施的历史遗留含汞废渣治理项目清单

序号	区县	项目名称
1	碧江区	碧江区云场坪镇螃蟹溪历史遗留汞矿渣体综合整治工程
2	碧江区	碧江区云场坪镇路腊村历史遗留汞矿废石尾矿堆体综合整治工程

续表

序号	区县	项目名称
3	万山区	万山区周边未治理治涉重尾矿废渣清除工程
4	松桃苗族自治县	松桃苗族自治县普觉镇水银村历史遗留冶炼渣堆综合整治工程
5	万山区	万山区四坑历史遗留废渣治理工程
6	碧江区	碧江区云场坪镇后山 1#矿渣区汞废渣污染源头综合治理工程
7	碧江区	碧江区云场坪镇后山 2#矿渣区汞废渣污染源头综合治理工程
8	碧江区	碧江区云场坪镇洪水洞汞废渣污染源头综合整治工程
9	万山区	万山区周边历史遗留汞渣污染综合治理二期工程
10	碧江区	铜仁市碧江区云场坪镇云场坪村落水凼炼汞废渣污染综合整治工程
11	碧江区	铜仁市碧江区云场坪镇云场坪村涧泷溪炼汞废渣污染综合整治工程
12	松桃苗族自治县	松桃苗族自治县普觉镇大元村汞污染源头治理工程
13	碧江区	铜仁市碧江区云场坪镇区域性历史遗留汞污染综合整治项目
14	碧江区	碧江区云场坪镇枫木坪村马仙溪村民组汞废渣综合整治项目
15	碧江区	碧江区云场坪镇罗坳组水垅汞矿采矿点综合整治项目
16	碧江区	碧江区云场坪镇云场坪社区苏联专家楼后山汞矿采矿点综合整治项目
17	碧江区	碧江区云场坪镇云场坪社区道塘汞矿采矿点综合整治项目
18	碧江区	碧江区六龙山乡渣场汞废渣综合治理工程项目
19	碧江区	碧江区滑石乡谷坳村渣场汞废渣综合治理工程项目
20	碧江区	碧江区云场坪镇云场坪村沙样坑汞渣综合治理工程
21	万山区	万山区黄道乡锁溪村炭山组历史遗留废渣综合治理项目（二期）
22	松桃苗族自治县	松桃苗族自治县普觉镇大元村汞污染源头治理二期项目
23	碧江区	碧江区云场坪镇杉木湾 2018 年汞废渣治理工程

2. 含汞废渣治理技术

参照《贵州省一般工业固体废物贮存、处置场污染控制标准》（DB 52/865—2013）和《贵州铅锌矿采冶废渣污染场地原位（综合治理）修复工程指南（试行）》对汞矿区废渣进行治理，治理流程见图 4.1。首先对治理区域的现场情况进行深入调查，收集分析治理区域的原始资料，明确废渣产生时间、来源、危害特征，并对周边敏感点进行筛选识别。在此基础上明确堆场存在的环境风险，确定治理的技术路线。然后，根据地形地貌、废渣堆存地水文地质条件和敏感目标分布等情况编制修复方案。方案经审查通过后组织实施，项目施工结束后，定期维护并对项目成效进行评估。

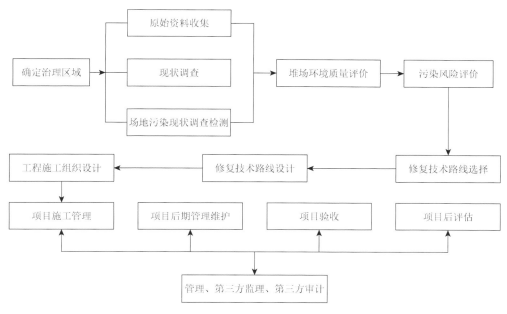

图 4.1　汞矿区废渣治理流程图

含汞区废渣治理的工艺路线和效果示意图见图 4.2 和图 4.3。首先，收集散渣，并依据渣体坡度、厚度、稳定性、区域水文地质情况及周边敏感目标情况选择工程处理措施，确保渣体稳定。主要工程措施包括挡墙防护、网格护坡及锚固、混凝土封存等。除此之外，依照治理渣场的地形地貌，修建截洪沟和排水沟，防止周边地表径流进入渣体，减少地表径流对场地内渣体的冲刷和淋溶，以及导排治渣场的雨水至截洪沟。渣体经工程处理后，将固定剂铺撒于渣体表面，降低废渣中重金属的迁移性。固定剂撒施后，铺撒 30cm 黏土（压实）作为物理阻隔层。在物理阻隔层上继续铺撒厚度不低于 30cm 的种植土。然后，选择与周边景观相协调的植被对治理场地进行生态恢复，植被的选择应以草-灌-乔相搭配的原则。对非敏感区或对景观要求不高的区域，适当调整植被搭配方案来降低治理成本。矿渣经治理后，阻断了矿渣中的汞通过地表径流和挥发进入周边环境。

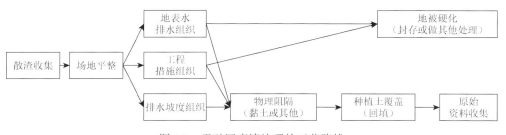

图 4.2　汞矿区废渣治理的工艺路线

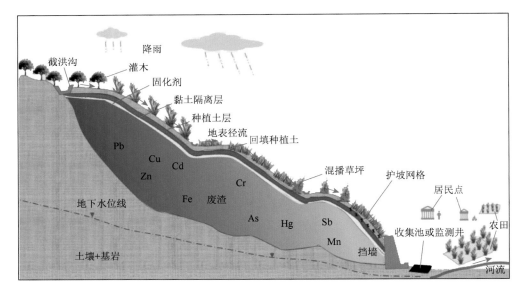

图 4.3　汞矿区废渣治理效果示意图

3. 汞矿区废渣治理技术推广建议

（1）重视前期基础调查工作。不同矿坑含汞废渣不仅污染特征不同，而且堆放区域地形地貌各异、区域敏感性也不同，这些基础信息是制定治理技术路线及工程实施方案的重要依据。

（2）强化项目实施过程管理。选择负责任、有经验、业务强的施工单位和监理单位，明确各方责任，充分发挥监督管理作用。

（3）开展后期管理和维护。含汞废渣修复工程完成后，定期开展运行维护、监测、趋势预测等，依据监测数据和趋势预测结果分析工程运行状况，并为后期维护提供科学依据。可在治理渣堆周边设置警示牌，提醒周边居民防范汞污染风险。

（4）开展治理成效评估。原则上在工程竣工后 24 个月后重点围绕以下方面开展治理成效评估：①采用的修复方案是否符合项目设计要求，修建的挡渣墙、集水沟、截洪沟、覆土厚度等工程量是否与设计方案相一致；②采取修复措施后，废渣中的目标污染物、周边地表水和地下水是否达到预定修复目标；③植物覆盖度等是否达到修复目标值等。

4.1.2　重点企业提标改造技术

　　铜仁市涉汞企业主要从事含汞试剂生产、废汞触媒回收、汞冶炼和汞矿采选等活动，分布在铜仁市万山区、碧江区、大龙经济开发区和玉屏县，部分涉汞企业名单见表 4.2。含汞企业汞排放控制是汞污染源头控制的重要环节。下面将介绍典型涉汞企业脱汞技术原理和贵州重力科技环保有限公司对含汞尾气的提标改造技术案例。

表 4.2　铜仁市主要涉汞企业名单

序号	所在区县	企业名称	所属行业
1	万山区	贵州省铜仁市鸿发含汞产品处置有限公司	废汞触媒回收生产
2	万山区	贵州万山区红菱汞业有限公司	含汞试剂和氯化汞触媒生产
3	万山区	贵州省铜仁市万山区金鑫汞业有限公司	有色金属冶炼业
4	万山区	贵州省万山矿产有限责任公司	含汞试剂和氯化汞触媒生产
5	万山区	万山区银河化工有限责任公司	含汞试剂和氯化汞触媒生产
6	万山区	贵州蓝天固废处置有限公司	废汞触媒回收生产
7	万山区	贵州省铜仁市万山区鸿发化工有限公司	含汞试剂和氯化汞触媒生产
8	万山区	贵州万山区红晶汞业有限公司	含汞试剂和氯化汞触媒生产
9	万山区	铜仁桃园汞业有限责任公司	有色金属冶炼业
10	万山区	贵州万山天业绿色环保科技有限公司	废汞触媒回收生产
11	万山区	铜仁市铜鑫汞业有限公司	废汞触媒回收生产
12	万山区	铜仁市万山区盛和矿业有限责任公司	废汞触媒和汞矿渣回收生产
13	万山区	昊海化工有限公司	含汞试剂和氯化汞触媒生产
14	万山区	贵州正丰矿业有限公司	废汞触媒回收生产
15	万山区	万山区新星汞矿有限公司	汞矿采选
16	万山区	粤贵兴盛汞矿厂	汞矿采选
17	碧江区	贵州省铜仁银湖化工有限公司含汞废物处置厂	废汞触媒回收处理
18	碧江区	贵州省铜仁银湖化工有限公司	含汞试剂生产
19	大龙经济开发区	贵州大龙银星汞业有限责任公司	含汞试剂和氯化汞触媒生产
20	大龙经济开发区	贵州重力科技环保有限公司	废汞触媒回收处理
21	玉屏县	贵州玉屏银晶化工厂	含汞试剂和氯化汞触媒生产
22	碧江区	贵州省铜仁汞化学试剂厂	废汞触媒回收生产
23	碧江区	贵州省铜仁市金鑫矿业有限公司	有色金属冶炼业
24	碧江区	铜仁银河汞业开发有限公司	有色金属采选业

1. 典型涉汞企业废气提标改造技术

贵州重力科技环保有限公司位于贵州省大龙经济开发区，是国内生产氯化汞和汞触媒最大的企业，主要以含汞废触媒、含汞化工污泥、富锑烟道灰、富铜烟道灰、锑杂废料等含汞废物作为原料，建设年回收处理 56000t 含汞废物的生产线，形成年产汞 600t、副产锑白 3960t 的生产能力。主要采用坐卧式静态蒸馏炉、鼓风炉、反射炉进行汞和锑的回收冶炼。

贵州重力科技环保有限公司烟囱排放的尾气中含汞、二氧化硫、烟尘、酸性气体（H_2S、CO_2）等，烟气流量在 12000～35000m^3/h，尾气中污染成分复杂且治理难度大。2017 年，贵州重力科技环保有限公司通过引进和合作，建设了系统的含汞尾气治理装置，高含尘和含汞尾气经降温脱硫、高分子材料深度脱除烟气汞、低温等离子体集成技术、多孔纳米材料深度脱除烟气汞等处理后，能实现含汞尾气深度净化及多污染物协同控制。

2. 典型涉汞企业脱汞技术原理

1）氯化脱汞技术

氯化脱汞技术是通过催化剂将烟气中的单质汞进行催化氧化并形成亚汞沉淀。高浓度的含汞烟气经过氯化汞及催化剂溶液氧化净化后，可去除烟气中 95% 的单质汞。

$$HgCl_2 + Hg^0 \xlongequal{\quad\quad} Hg_2Cl_2 \qquad\qquad (4.1)$$

2）其他脱汞技术等

采用含氨基（—NH_2）基团等的化合物，将烟气中的低浓度单质汞进行氧化吸附。

4.2　汞污染传输过程阻断技术

4.2.1　地气汞挥发阻断

矿渣和汞污染土壤中的汞在自然环境下能向大气挥发，挥发到大气中的汞又沉降到地表造成污染。因此，本节介绍矿渣和汞污染土壤经修复后，矿渣/地表-大气界面汞挥发特征，为阻断地表大气汞的挥发提供科学依据。

1. 地表汞挥发测定方法

通过测定地-气界面汞通量来研究地表汞挥发的特征。地-气界面汞交换通量可利用动力学通量箱法来测定。测定通量箱进气孔和出气孔的气体汞含量，按照以下公式来计算地-气界面汞交换通量：

$$F = (C_o - C_i) / A \times Q \tag{4.2}$$

式中，F 为汞交换通量，$ng/(m^2 \cdot h)$；C_o 为出气孔中气体的汞含量，ng/m^3；C_i 为进气孔中气体的汞含量，ng/m^3；Q 为通量箱内空气流量，单位为 m^3/h；A 为通量箱的底面积，m^2。F 为正值则表示土壤释放汞，负值则表示大气汞沉降到地表。

2. 汞矿渣植物固定技术

王衡等[1, 2]研究了矿渣中添加土壤和木屑/腐殖土，并种植香根草后矿渣中汞的挥发特征。结果表明，与未治理矿渣相比，治理后的矿渣每天平均汞释放量减少98%。

3. 汞污染土壤原位钝化技术

申远[3]分别研究了汞污染土壤中添加硒酸钠、亚硒酸钠、膨润土 + 磷酸氢二铵和生物炭后对地-气汞交换通量的影响特征。添加亚硒酸钠后，暖季土壤汞释放通量的平均值和最大值均远小于对照土壤；冷季大气汞沉降通量平均值大于对照土壤。暖季对照土壤5～6月和9月的平均净汞释放量分别为167.24ng/(m²·d)和 411.72ng/(m²·d)，添加硒酸钠、亚硒酸钠后土壤汞的平均净释放量分别为344.19ng/(m²·d)、-16.65ng/(m²·d)和 99.52ng/(m²·d)、99.93ng/(m²·d)。冷季对照土壤大气汞的平均净沉降通量为1667ng/(m²·d)，施加硒酸钠和亚硒酸钠后土壤汞的平均净沉降通量分别为1416ng/(m²·d)和1924ng/(m²·d)。由此可见，添加亚硒酸钠可有效降低土壤汞释放通量，添加硒酸钠不能确定是否有效降低土壤汞的释放通量。对膨润土 + 磷酸氢二铵处理，在暖季，膨润土 + 磷酸氢二铵处理土壤平均净汞释放通量相比对照土壤降低了 16%～61%。在冷季，膨润土 + 磷酸氢二铵处理土壤平均净汞释放通量与对照土壤相比无明显差别。对生物炭处理，生物炭能在一定程度上抑制土壤汞的释放。

4.2.2　汞污染河道治理技术

河流中的大部分汞和悬浮颗粒物结合，悬浮颗粒物沉积后将汞带入河床。河流水文环境变化能将河床沉积物中的汞重新释放到河流中，引起二次污染。本节将介绍物理、化学方法在汞污染水体和沉积物治理中的应用，以及万山区汞污染河道治理等。

1. 物理方法

物理方法主要包括原位覆盖、清淤和自然净化，被广泛应用于沉积物的治理。

1）原位覆盖

原位覆盖是将修复材料覆盖到受污染的沉积物上，异地覆盖则是先将受污染的沉积物转移到其他场地，然后在其表面覆盖一个或多个隔离层[4]。原位覆盖一般适用于水动力较弱的环境（如湖泊和海湾等）。Moo-Young 等[5]研究发现，沙和细颗粒物可作为覆盖材料来控制水体汞的迁移。在加拿大某场地试验发现，在汞污染沉积物（汞浓度为 0.43～0.96g/kg）表面覆盖 35cm 厚的沙子，可显著控制汞的迁移[6]。在不同的水动力和地质条件下，需要选取不同的覆盖物。在水动力弱的环境下可以选取沙子和其他细颗粒等覆盖物，而在水动力强的环境下适宜选取粗和重的颗粒等覆盖物[4]。此外，原位覆盖还可采用主动屏障系统（active barrier systems，ABS）。ABS 是一种具有反应活性的地球化学屏障，能有效地阻止污染物进入水体[7]。原位覆盖法并未将污染物从沉积物移除，汞可能会穿过覆盖层进入水体，因而需要定期监测覆盖层来评估覆盖层阻汞效果。

2）清淤

清淤常被用于严重汞污染水体的治理。例如，日本政府历时 23 年对水俣湾汞污染沉积物进行清淤。经清淤后，沉积物中汞的浓度，以及水体和鱼体中汞的浓度都大幅度降低[8]。值得注意的是，清淤过程中能造成沉积物再次进入水体中，造成污染。因此，清淤过程中，要对水质实时监测，避免清淤造成二次污染。此外，清淤产生的污泥需要被妥善处置，避免产生二次污染风险。

3）自然净化

自然净化是污染物在没有人为干预的情况下，借助环境自身净化过程使污染物浓度降低[9]。水体中无机汞的自然净化主要通过光致还原和微生物还原。甲基汞的自然净化主要涉及甲基汞的去甲基化作用。自然净化通常被用于区域或流域汞污染防治，具有低成本或无成本和对环境扰动小等特点，但治理所需时间长。例如在理想环境下，以色列海法湾表层沉积物中的汞，仅通过自然净化作用需要 50 年才能降低到 0.3mg/kg 以下[10]，自然净化与其他技术联用可以缩短修复时间并提高修复效率。

2. 化学方法

化学方法主要包括沉淀法、吸附法、膜滤法和其他方法等。

1）沉淀法

化学沉淀法是目前应用较为广泛的一种方法，包括混凝沉淀和硫化物沉淀等。

混凝沉淀法是将氢氧化钙等物质加入水体中，将重金属等污染物转化成氢氧化物沉淀而被清除出水体。在沉淀过程中，可加入铁盐和铝盐等来提高污染物去除效率[11]。硫化物沉淀法是利用 Na_2S 和消石灰等将水体中的汞转化为惰性的硫化汞，从而去除水体中的汞[12]。混凝沉淀法具有操作简便、成本低和去除效率高等优点，但同时产生了大量污泥，增加了后续处理难度和成本。硫化物沉淀法在酸性条件下能产生硫化氢等有毒气体，因此对污泥性质有一定要求。

2）吸附法

吸附法是一种经济高效的重金属污水处理方法。该方法设计和操作较为灵活，且由于吸附反应往往是可逆反应，因此吸附剂可以通过洗脱过程再生。常用的重金属吸附剂包括活性炭[13]、碳纳米管[14]、黏土矿物[15]等。

3）膜滤法

膜滤法是通过膜分离去除水体中的重金属，包括超滤法、反渗透法、纳滤法等，具有操作简便、效率高和节省空间等优点。

4）其他方法

其他汞污染水体处理方法包括电化学法和生物吸附法等。

3. 万山地区河道治理

铜仁市的下溪河、敖寨河、黄道河、高楼坪河、瓮慢河、瓦屋河和马岩河等上游分布有汞矿坑和汞渣堆。在降水的冲刷和搬运下，大量的含汞废水、炉渣、废石进入河道，不仅抬高了河床，而且造成流域汞污染。采用围堰法和河道清淤对汞矿区地表河汞污染进行治理。

1）围堰法

河流中的汞主要和悬浮颗粒物结合，因此在跨河流断面修建围堰来减缓水流并将悬浮颗粒物沉淀，通过清除淤泥可达到去除河流中含汞污染物的目的。中国科学院地球化学研究所在铜仁市的瓮慢河上游和中游分别修建了围堰，定期监测了河流总汞和甲基汞浓度的变化特征。研究发现，在丰水期和枯水期，与进入围堰前河水相比，流出围堰河水的总汞浓度降低约50%，甲基汞也呈下降趋势。研究还发现，围堰对总汞和甲基汞的去除与悬浮颗粒物密切相关。

2）万山河道清淤

铜仁市瓦屋河的河床内沉积了大量的汞渣和淤泥，厚度达 $0.3\sim2.0m$，底泥中的汞随河流水文条件变化重新进入水体中，造成污染。根据瓦屋河流域汞污染现状，以及国务院印发的《土壤污染防治行动计划》（国发〔2016〕31 号）和《铜仁市国家土壤污染综合防治先行区建设实施方案 2016-2020 年》的相关要求，确定瓦屋河黄家寨至漾头镇（约 6.74km）河段河道治理的基本思路为：

（1）避免河道汞污染底泥对两岸农田及下游产生次生污染。对瓦屋河黄家寨—漾头河段内河床底泥进行清理。将清理出的底泥进行筛分，其中，碎石、鹅卵石经冲洗后用于阻隔墙和施工临建，而其余含汞废渣和底泥等运至附近有条件处填埋封存。

（2）防止沿河两岸农田水土流失。结合河道自然条件、两岸农田利用现状及河道治理工程规划施工情况，在两岸农田水土流失严重及沿岸废渣填埋场处修建生态阻隔墙，隔断含汞污染物的传输途径。

（3）对工程影响范围进行绿化及复垦。针对部分河堤和景观需求，可种植耐汞植物，以改善河流两岸的生态环境。

通过工程实施，清除含汞矿渣底泥十万多万立方米，修建生态阻隔墙10000多立方米，恢复沿河两岸生态10000多平方米，有效改善了瓦屋河水质和沿河两岸的生态环境，保障了两岸1000多亩耕地的灌溉用水安全，阻隔了含汞污染物的传输。为瓦屋河流域漾头镇集镇建设、区域发展生态休闲农业和旅游业奠定了坚实的基础，有效支撑了项目区域经济社会的可持续发展。

4.3　汞污染风险管控及治理技术

4.3.1　国内外主要土壤治理技术介绍

土壤修复是采取物理、化学或生物学技术措施来降低土壤中污染物的浓度或减少其毒性，降低污染物的环境风险[16]。污染土壤修复主要采用两种策略：①将污染物从土壤中去除；②改变污染物在土壤中的赋存形态以降低其迁移性和生物可利用性。常见土壤修复技术有换土/客土法、热解吸技术、原位钝化技术、植物修复技术、电动修复技术、微生物修复技术、淋洗技术和农艺调控技术等。

换土法是用未被污染的土壤置换污染土壤。客土法是在污染土壤中混入未被污染土壤，稀释污染物的浓度。热解吸技术是一种通过直接或间接加热，将具有低沸点的污染物挥发并与土壤分离，从而修复污染土壤的方法。热解吸技术适用于处理大多数挥发性和半挥发性污染物，如土壤中的多环芳香烃、多氯联苯、二氯二苯三氯乙烷、总石油烃和汞等[17]。原位钝化技术是向土壤中加入钝化剂，通过吸附、络合、沉淀、离子交换和氧化还原等反应，降低污染物在土壤中的生物有效性和迁移性[18]。植物修复技术主要包括植物固定、植物提取和植物挥发等[19]。植物固定技术是通过植物根系活动将污染物富集或者沉淀到根部及其根际土壤。植物提取技术是指植物将污染物富集到其根系或地上部分，通过收割植物达到去除污染物的目的。植物挥发技术是植物将吸收到植物体内的汞和硒等转化为易挥发形态并释放到大气中，从而降低土壤中的重金属含量。微生物修复技术是微生物（真菌和放线菌等[20]）通过胞外络合、沉淀、氧化/还原和胞内积累等生物地球化学过程来改变污染物的形态和活性[21]。此外，微生物还可改变植物根际周围的微环境，提高植物对重金属的吸收、挥发和固定效率。电动修复技术是向污染土壤两端植入惰性电极形成直流电场，利用电场产生的电渗析、电迁移、电泳等效应驱动污染物沿电场方向迁移，将污染物集中富集，再进行集中处理[22]。电动修复技术能有效去除黏土、沉积物和土壤等多孔介质中的污染物。淋洗技术是用淋洗剂淋洗污染土壤，通过解吸附、反络合及溶解作用把土壤固相中的重金属转移到土壤液相中，再回收处理含有重金属废水的土壤修复技术[22]。农艺调控技术主要通过施肥、育种（苗）、土壤管理、水分管理和栽培管理等对耕地土壤中污染物的生物有效性进行调控，减少污染物从土壤向作物可食用部分的转移，从而保障农产品质量安全[23]。

4.3.2　汞污染土壤治理技术比选

国内外常见的土壤汞修复技术有热解吸技术、植物修复技术、原位钝化技术、电动修复技术、微生物修复技术、化学淋洗技术和农艺调控技术等。

1. 热解吸技术

热解吸技术通过将污染土壤加热到 300～800℃，将汞及其化合物挥发，并采用冷凝和活性炭吸附等工艺将含汞废气进行回收处理。热解效率受热解温度和处理时间等影响[24]。

2. 植物修复技术

有研究报道适宜于汞污染土壤植物固定修复的植物种属有柳树、洋姜、香根草等[1, 25, 26]。目前尚未有研究发现汞的超富集植物，已经报道的能用于植物提取修复的植物种属有大叶贯众、蜈蚣草、麻风树、乳浆大戟、苎麻等[27-30]。除了自然植物提取修复外，向汞污染土壤中添加螯合剂能促进植物对汞的富集，提高植物提取效率。已经用于汞污染土壤植物提取修复的螯合剂包括 EDTA、碘化钾、硫代硫酸盐等[31-33]。利用螯合剂强化汞污染土壤植物修复时需要关注螯合剂添加可能引发的土壤汞向地表水和地下水的迁移风险。目前，汞污染土壤植物挥发技术尚停留在试验阶段，尚未大规模应用。植物修复技术适用于大规模中低浓度重金属污染土壤的修复。植物修复技术与微生物修复技术联用能提高修复效率。

3. 原位钝化技术

已报道用于汞污染土壤修复的钝化剂有胶体硫、天然沸石、膨润土、硒酸盐（SeO_4^{2-}）、亚硒酸盐（SeO_3^{2-}）、活性炭、生物炭和羽毛粉等[34-42]。

4. 电动修复技术

电动修复技术已被用于汞污染土壤修复。为了提高电动修复的效率，通常向土壤中添加碘化钾和 EDTA 等螯合剂，这些螯合剂与汞形成络合物，在外加电场作用下移动到电极并被去除，土壤汞去除率可达 75%～98.7%[43, 44]。

5. 微生物修复技术

微生物 *merB* 和 *merA* 基因分别编码的有机汞裂解酶和汞还原酶能将甲基汞转化为无机汞，无机汞转化为单价汞，从而降低汞的毒性[19, 45]。因微生物活性易受外界环境条件的影响等，故仅利用微生物修复技术治理汞污染土壤具有一定的局限性。

6. 化学淋洗技术

淋洗修复是利用酸、碱或螯合剂等溶剂将土壤汞活化并淋洗出来。常用的土壤淋洗剂包括酸类（盐酸、硝酸等）、盐类化合物（氯化钠、硫代硫酸钠、碘化钾等）、人工螯合剂（EDTA、二乙烯三胺五乙酸、乙二胺二琥珀酸、甲基甘氨酸二乙酸等）、天然有机螯合剂（柠檬酸、苹果酸、草酸、丙二酸以及天然有机物胡敏酸、富里酸等）[46]。被应用于汞污染土壤修复的淋洗剂包括碘化钾、EDTA 等[47-49]。土壤淋洗效率受土壤质地、污染物赋存形态、淋洗剂种类等影响。

7. 农艺调控技术

不同农作物及不同农作物品种对汞的富集能力差异显著,筛选出适宜于汞污染区气候的低积累汞农作物，建立基于低积累汞农作物的农艺调控方案，可以实现汞污染区农作物安全生产。通过水分管理来调节土壤氧化还原电位，降低土壤汞的生物有效性，进而降低水稻籽粒中汞含量[50, 51]。优化施肥策略也能影响农作物对汞的富集[52, 53]。与磷肥和钾肥相比，施用氮肥更易促进土壤汞的甲基化[54]。

8. 汞污染土壤修复技术对比

通过对比不同土壤修复技术的特点，可以发现微生物修复技术、植物修复技术、原位钝化技术和农艺调控技术等适宜于污染农田修复，具体见表 4.3 和表 4.4。

表 4.3　土壤修复技术适用类型

序号	修复技术	适用土地类型	适用土壤污染类型
1	微生物修复	耕地、林地、草地、矿山	有机、无机或复合型
2	植物修复	耕地、林地、草地、矿山	有机、无机或复合型
3	固化稳定化	所有类型	无机型
4	淋洗	工矿用地	无机型
5	电动修复	所有类型	无机型
6	热解析	所有类型	有机型/挥发性重金属
7	农艺调控	耕地、林地、草地、矿山	有机、无机或复合型

表 4.4　污染土壤治理技术比选

主要方法	优点	缺点	适用性	参考文献
换土/客土法	污染物被彻底去除，对重污染场地修复效率高，修复时间短	工程量大，成本高，土壤肥力降低，被置换出的污染土壤需要进一步处置	适用于污染严重、面积小且需要紧急处理的场地	[55, 56]
热解析技术	对挥发性污染物修复效率高，修复时间短，去除效率高等	土壤生态功能被破坏，修复效率受土壤质地影响，挥发的污染物需要进一步处理	适用于污染严重、土壤污染物活性强的污染场地	[56, 57]
原位钝化技术	降低重金属的活性和迁移性，易操作，适宜大面积污染土壤修复，修复成本相对较低等	重金属没有被清除出土壤，重金属有二次活化的风险，需要对修复场地进行监测和修复效果的评估、防止二次污染	适用于不同重金属污染土壤的修复	[58]
植物修复技术	适用土壤类型广，成本相对较低，环境友好等	修复效率低，无法修复深层土壤，修复时间长等	适用于大面积低浓度重金属污染土壤的修复，能同微生物修复技术联用	[59-61]
电动修复技术	对土壤扰动小，修复时间相对较短等	很难应用于大面积污染土壤的修复，土壤质地和含水量对修复效果影响较大	适用于黏土含量高的污染土壤修复及小面积污染严重的土壤修复	[62]
微生物修复技术	对土壤扰动小，成本相对较低，环境友好等	修复污染物种类相对单一，修复时间长，对土壤环境要求较高等	适用于小面积低浓度污染土壤的修复	[63, 64]
淋洗技术	能修复复合污染土壤，操作简单，污染物被清除出土壤，可原位/异位修复土壤	成本相对较高，破坏土壤结构，需要对淋出液进行处理，对黏土含量高的土壤修复效率低，降低土壤肥力	适宜于面积小且污染严重的砂质污染土壤及污染物活性强的土壤	[65, 66]
农艺调控技术	操作简单，成本低，对土壤扰动小，环境友好，能边生产边修复，可显著降低污染物进入食物链	重金属没有被清除出土壤，重金属有二次活化的风险，需要加强修复场地和农作物的监测	适用于低浓度污染面积较大的农田治理，可以和其他技术联用	[67, 68]

4.3.3　汞污染场地风险管控及治理技术

1. 污染场地的概念

污染场地是指对潜在污染场地进行调查和风险评估后,其污染危害超过人体健康或生态环境可接受风险水平[69]。污染场地管理对污染场地的调查、监测、评估和修复等环节至关重要。我国先后出台了《场地环境调查技术导则》《场地环境监测技术导则》《污染场地土壤修复技术导则》《污染场地风险评估技术导则》等规范性文件,明确界定了污染场地的概念。

2. 汞污染场地

造成场地汞污染的人为活动包括:①存放汞;②制造含汞产品;③在制造流程中使用汞;④手工和小规模采金活动使用汞或冶炼富含汞的原生矿石;⑤原生汞矿开采、未合理管理的废弃历史矿场;⑥汞排放和释放的点源;⑦含汞废物处理和处置;⑧其他来源。汞污染场地是重要的汞污染源,含汞污染物在环境条件改变和人为活动作用下,能向周边环境扩散[70]。制定汞污染场地风险管控措施需要充分考虑场地自身及给周边环境带来的风险[71],以及居住在场地或周边的居民、在汞污染场地施工的人群等可能通过空气、土壤、农作物等形成的汞暴露风险。

3. 汞污染场地识别

通常,可通过以下手段初步识别疑似污染场地[72, 73]:①对以往和当前的场地用途进行甄别和审查;②勘察场地条件或伴随的污染源;③观察已知使用或排放特别危险的污染物的制造或其他作业地点;④观察污染场地及周边的人群、植物或动物可能因靠近场地而受到的有害影响;⑤已有的检测结果;⑥社区/村落就疑似排放提交给管理部门的报告。在某些司法管辖区,所有已证实和疑似的污染场地都被列入一个在线数据库,通过在线数据库可以查阅相关污染场地信息。

4. 制定污染场地清单

在识别疑似和确认污染场地后,可制定汞污染场地清单(以下简称"清单"),用于跟踪、评估和管理污染场地。相关部门根据"清单"中所列场地优先顺序来合理地配置资源,最大限度降低场地汞污染风险,保护人体健康。"清单"也可随场地实际情况来调整。例如,可以将新发现的汞污染场地添加到"清单"中,对完全修复的场地可以将其分类为已修复并保留在数据库中。将"清单"与地理信息系统相结合,可实现污染场地可视化,为公众查询污染场地信息提供便利。"清单"有助于相关部门对污染场地进行管理和使用。例如，某管理部门将污染场地分为以下七类：①受污染、需要修复；②受污染、限制使用；③已修复可供限制使用；④可能受污染、需要调查；⑤已净化；⑥未受污染、不限制使用；⑦报告未经证实。

5. 汞污染场地特征鉴别

识别疑似污染场地后，通过进一步调查确定各个场地的污染特征、程度和主要风险。根据场地污染历史，通过现场考察和审查现有资料可掌握场地污染特征。建立概念性场地模型是场地污染特征鉴别和评估的重要步骤。概念性场地模型是对场地可能发生、正在发生或发生过的物理、化学和生物过程进行直观展示和叙述性描述。它显示污染源（潜在的和已确认的）及其到达已查明受体的途径（实际的或未来的）。它包括以下具体要素[72]：①土地用途概述；②场地及其物理环境的详细描述；③场地污染来源、潜在相关化学品，以及可能受影响的介质（土壤、地下水、地表水、沉积物、土壤蒸气、室内和室外空气、当地食材、生物群）；④污染物在每种介质中的分布和化学形态，包括关于浓度、总量和/或传输（通量）的资料；⑤污染物如何从源头迁移及潜在人群或生态受体接触的介质和途径，以及解释污染物迁移所需的资料；⑥关于可能影响污染物分布和迁移的气候和气象条件的资料；⑦与土壤蒸气侵入建筑物有关的资料，包括建筑物的结构特征（如大小、年龄、地基深度和类型、地基裂缝存在情况、公用设施入口）、建筑物的采暖、通风和空调设计、运行情况，以及地下公用设施等；⑧关于场地或受场地影响地区的人类和生态受体及活动模式的资料。

首先应确定调查目标，主要包括：①鉴别场地的污染物类型及特征；②了解场地的地质和水文地质情况；③划定污染的分布范围；④鉴别污染物实际迁移和潜在转化的特征；⑤获取数据以确定和评估对公共卫生和环境的潜在影响。确定调查目标后应制定采样和分析计划。采样和分析计划应包括下列内容：①审查现有数据，包括查明实际和潜在污染源；②预动员工作，包括制订健康和安全计划并确定水电和建筑物的位置，确保采样或调查活动不影响工人或其他人的健康和安全；③采样介质和调查工具，包括决定对哪些介质进行采样（土壤、沉积物、地下水、土壤蒸气、空气、生物群、地表水等）；④采样设计与方法；⑤分析方法及质量保证计划。

采样设计应立足于预定工作目标，明确场地有哪些需要关注的污染物，查明污染物在场地内的分布情况，并确定给人类健康或环境带来风险的热点位置。在收集资料的基础上制定采样方法，采样方法需确定采样点的密度、深度、数量、分布情况和样本类型（单一或复合），以及所关注的污染物（汞、甲基汞）等。制定采样计划也应考虑物流、样品运输和保存等。

6. 公众参与

在治理汞污染场地时，鼓励公众参与。通常，负责管理污染场地的政府机构来协调公众参与的工作。公众参与的重点是确保可能受治理汞污染场地的过程中某一行动影响或参加这一行动或对其感兴趣的民众（或群体）了解情况，并在决策过程中考虑他们的意见。因此，识别或评估污染场地的工作需尽早让公众参与。根据污染场地风险评估和修复进程的不同阶段（场地识别、调查、修复、维护等），视情况采用不同方法让公众参与。首先向所涉及的社区/公众提供场地的背景信息，包括历史用途和疑似污染性质等，让公众充分了解在污染场地开展修复工程的必要性和重要性。修复工程实施后，公众可按预定时间表参与和了解修复活动。相关部门可通过开展讲习班、网络发文、分发宣传资料等向公众传递信息。

7. 污染场地风险评估

汞污染场地可导致地表水和地下水汞污染、土壤汞污染、农作物汞污染和空气汞污染等。人群饮用汞污染水源和食用汞污染食品导致汞暴露。此外，人群吸入汞污染空气也能导致人体汞暴露[74]。因此，对汞污染场地进行风险评估十分必要。

场地风险评估有助于人们了解：①该场地是否对人类和/或生物构成风险？②风险有多大？③在不修复场地的情况下（在短期或长期内）是否能够管理场地风险？或是否应当修复场地（在短期或长期内）来降低风险？④如果不修复场地，风险是否会加剧和/或扩散？

风险评估一般分四个阶段，各阶段都有特定目标以确定危害、剂量和风险关系，并评估接触程度，从而估计风险水平和对接触受体的影响，这四个阶段包括①识别和描述风险范围；②确定危害程度和毒性；③分析接触情况；④评估各种风险。

8. 汞污染场地风险管理

在对汞污染场地进行风险评估后，需要制定汞污染场地风险管理方案。汞污染场地风险管理目标既要符合《关于汞的水俣公约》的目标，又要保障人群健康不受含汞污染物的危害。

1）污染场地管理

污染场地管理是通过采取行动减少人类与含汞污染物的接触。根据污染场地风险评估结果对场地实行空间规划和管理，保障人群健康。采取的行动包括限制出入场地及其周边受污染的土壤等（通过修建围栏和悬挂警告标志等），限制人群直接接触污染物。

2）污染场地修复

对污染场地实施修复不仅能降低污染场地的环境风险，而且能最大限度拓宽其用途。选择污染场地修复技术需要充分考虑场地土壤汞污染程度、污染场地导致人群汞暴露途径、修复方案可行性、修复成本、场地用途等。

4.3.4 农用地风险管控及治理技术

根据不同汞污染土壤修复技术的优缺点，以及汞污染农田的环境风险，选择农艺调控技术、原位钝化技术和植物修复技术对汞污染农田进行修复。

1. 汞污染农田农艺调控技术

汞污染农田农艺调控技术主要包括种植低汞积累作物、水改旱种植结构调整。

1）低汞积累作物筛选

不同农作物及同一农作物不同品种对汞的积累水平差异较大。筛选和种植低积累汞的农作物和品种，可阻断汞进入食物链，实现汞污染农田安全利用，降低居民因食用汞污染农产品而导致的健康风险。不同种类蔬菜对汞的积累能力差异显著，叶片类蔬菜普遍比其他农作物更易富集汞，而丝瓜、冬瓜、番茄等非叶片食用类蔬菜可食用部分汞含量相对较低。中国科学院地球化学研究所研究了不同蔬菜和品种对汞的富集能力，并筛选出了潜在的低积累汞的蔬菜品种（表 4.5），进一步在贵州省铜仁市万山汞矿区敖寨乡试验田和司前大坝试验田进行了验证，结果表明除三比 3 号丝瓜和欢天喜地豇豆品种外，其他品种可食用部分汞含量均低于国家《食品安全国家标准 食品中污染物限量》（GB 2762—2017）所允许的最大汞含量。

表 4.5 铜仁市敖寨乡和司前大坝试验田中不同蔬菜对汞的富集能力

序号	农作物品种	可食部位总汞浓度/(ng/g)		序号	农作物品种	可食部位总汞浓度/(ng/g)	
		敖寨乡	司前大坝			敖寨乡	司前大坝
1	密本南瓜	5.84	1.26	10	花香糯 2 号玉米	2.72	4.54
2	圆绿 2 号南瓜	8.52	1.95	11	亮莹豇豆	2.26	2.39
3	圆绿 3 号南瓜	3.71	2.03	12	宁豇 3 号	2.24	2.87
4	黄狼 F1 南瓜	5.34	6.91	13	摇钱杆豇豆	7.26	3.29
5	川塔 2 号丝瓜	5.67	2.84	14	欢天喜地豇豆	10.42	3.2
6	香型争霸挂果王丝瓜	6.88	3.25	15	奥美佳四季豆	8.86	3.22
7	双丰丝瓜	7.35	2.33	16	双丰 3 号四季豆	7.2	3.53
8	三比 3 号丝瓜	10.29	2.03	17	特选泰国架豆四季豆	6.73	3.08
9	连香雪糯 F1 玉米	2.66	3.13	18	绿箭特嫩架豆四季豆	2.67	2.12

续表

序号	农作物品种	可食部位总汞浓度/(ng/g)		序号	农作物品种	可食部位总汞浓度/(ng/g)	
		敖寨乡	司前大坝			敖寨乡	司前大坝
19	春夏秋冠黄瓜	4.87	2.94	28	优胜早茄	5.27	6.34
20	爽翠 F1 黄瓜	4.67	3.39	29	龙美五号辣椒	6.99	1.91
21	亮神 L308 黄瓜	4.09	2.46	30	砀椒 1 号 F2 辣椒	4.67	2.3
22	燕白黄瓜	4.03	2.76	31	火辣辣	4.37	2.99
23	本地花生	5.41	5.09	32	致富法宝辣椒	4.24	2.42
24	杂交花生	3.58	2.42	33	红双喜	5.41	3.51
25	三月长茄	1.81	3.03	34	上海 908 番茄	3.38	1.33
26	华夏黑霸王茄子	4.61	4.81	35	红帅 909	2.29	1.19
27	优选三月茄	3.42	7.04	36	鸿盛早红番茄	2.45	1.86

　　夏吉成[75]发现萝卜、西瓜、草莓、玉米和马铃薯具有低积累汞的能力。在铜仁市敖寨乡和瓦屋乡司前大坝开展了田间试验，发现种植的萝卜、草莓、玉米和马铃薯四种农作物的平均汞含量均低于《食品安全国家标准　食品中污染物限量》（GB 2762—2017）中所允许最大汞含量[76]。夏吉成[75]进一步构建了万山汞矿区汞污染农田安全利用方案。通过估算发现，该方案可使得万山汞矿区每年的农产品汞含量在原有基础上减少 82.58%～95.51%[75]。

　　我国登记的水稻品种库上万种，筛选并种植低积累汞的水稻品种，可降低水稻汞含量及人群食用汞污染稻米而导致的汞暴露风险。朱宗强[77]研究了我国西南主栽水稻对汞的富集能力，发现不同品种对汞的积累能力差异明显。三系杂交稻籽粒中汞含量要普遍高于二系杂交稻和常规稻 [图 4.4（a）][77]，早熟水稻品种籽粒汞含量普遍高于中熟和晚熟品种 [图 4.4（b）][77]。朱宗强[77]推荐适宜在万山汞

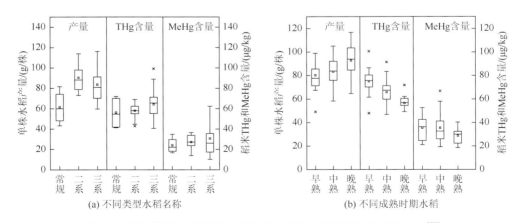

(a) 不同类型水稻名称　　　　　　　　　　(b) 不同成熟时期水稻

图 4.4　不同类型和成熟期水稻产量和总汞、甲基汞含量变化特征[77]

矿区种植的低积累汞的水稻品种有 Y 两优 1 号、深两优 5814、万香优 1 号、恒丰优华占、蓉 18 优和广两优 143（表 4.6）。

表 4.6　优选的水稻品种产量及总汞和甲基汞含量[77]

名称	产量/(g/株)	总汞/(μg/kg)	甲基汞/(μg/kg)
Y 两优 1 号	91	56.41	12.95
深两优 5814	99	55.57	10.14
万香优 1 号	87	55.77	10.80
恒丰优华占	92	40.73	18.12
蓉 18 优	102	49.22	14.28
广两优 143	114	44.73	14.20

2）水改旱种植结构调整

淹水导致农田土壤汞的活化和甲基化，并导致甲基汞在水稻中富集[78]。避免将旱田调整为水田，以及将水田调整为旱田，可降低甲基汞在水稻中富集的概率，降低人群食用汞污染稻米引发的人体健康风险。

2. 汞污染土壤钝化技术

前期研究发现，稻米中汞含量和硒含量呈显著的负相关关系，且水稻根、茎、叶无机汞和甲基汞含量也随土壤硒含量增加而逐渐降低[79]。一定条件下，硒能抑制农作物对汞的富集。在万山汞矿区金家场垢溪汞污染农田开展了添加硒修复剂对水稻富集汞影响的试验。研究发现，稻田中添加 40mg/kg 硒修复剂后，水稻籽粒无机汞和甲基汞含量明显降低（图 4.5）[80]。值得注意的是，土壤中硒添加量不宜过多，否则可能会造成土壤硒污染问题。

朱宗强[77]在万山汞矿区开展田间试验研究了不同钝化剂对水稻富集汞的影响。结果表明，羽毛粉、羽毛粉＋煤质粉、活性炭和生物炭等都能明显降低水稻籽粒中汞的含量，抑制水稻对汞的富集。谢园艳[81]研究了添加膨润土和磷酸氢二铵对汞在土壤-农作物系统迁移的影响。结果表明，膨润土和磷酸氢二铵联合施用能有效降低四季菜心和萝卜可食用部分汞含量，并且萝卜可食用部分汞含量低于《食品安全国家标准 食品中污染物限量》（GB 2762—2017）中所允许的最大汞含量。

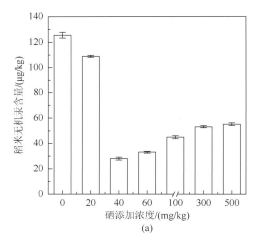 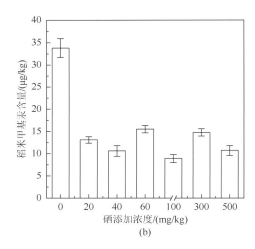

图 4.5　不同浓度硒添加下稻米无机汞（a）和甲基汞（b）含量[80]

3. 汞污染农田修复技术集成

集成以上技术来修复汞污染农田不仅能管控汞污染农田的风险，而且能提高农民收益。采用"水改旱"将水稻田调整为旱田，然后种植高经济价值的低积累汞农作物，既能保障农作物安全生产，又能让农民获得更多收益。例如在万山汞矿区，部分区域农田实施"水改旱"后，推广大棚蔬菜。在大棚内种植低积累汞蔬菜种类和品种，生产的蔬菜可食用部分汞含量不仅低于《食品安全国家标准 食品中污染物限量》（GB 2762—2017）所允许最大汞限量值[76, 82]，而且农民通过种植蔬菜获得了较高的经济收益。

参 考 文 献

[1] 王衡，冯新斌，王建旭，等. 香根草及添加剂对模拟降雨条件下汞污染土壤和矿渣地表径流中汞含量的影响[J]. 生态学杂志，2011，30（5）：922-927.

[2] 王衡，冯新斌，王建旭. 香根草及添加剂对汞污染土壤汞固定的现场试验[J]. 地球与环境，2014，42（1）：110-115.

[3] 申远. 土壤汞污染修复措施对土-气界面汞交换通量的影响研究[D]. 呼和浩特：内蒙古大学，2018.

[4] Palermo M R. Design considerations for in-situ capping of contaminated sediments[J]. Water Science and Technology，1998，37（6-7）：315-321.

[5] Moo-Young H，Myers T，Tardy B，et al. Determination of the environmental impact of consolidation induced convective transport through capped sediment[J]. Journal of Hazardous Materials，2001，85（1-2）：53-72.

[6] Azcue J M，Zeman A J，Mudroch A，et al. Assessment of sediment and porewater after one year of subaqueous capping of contaminated sediments in Hamilton Harbour，Canada[J]. Water Science and Technology，1998，37（6-7）：323-329.

[7] Jacobs P H，Förstner U. Concept of subaqueous capping of contaminated sediments with active barrier systems

（ABS）using natural and modified zeolites[J]. Water Research，1999，33（9）：2083-2087.

[8]　Hosokawa Y. Remediation work for mercury contaminated bay—Experiences of Minamata Bay project，Japan[J]. Water Science and Technology，1993，28（8-9）：339-348.

[9]　Garbaciak Jr S，Spadaro P，Thornburg T，et al. Sequential risk mitigation and the role of natural recovery in contaminated sediment projects[J]. Water Science and Technology，1998，37（6-7）：331-336.

[10]　Krom M，Kaufman A，Hornung H. Industrial mercury in combination with natural ^{210}Pb as time-dependent tracers of sedimentation and mercury removal from Haifa Bay，Israel[J]. Estuarine，Coastal and Shelf Science，1994，38（6）：625-642.

[11]　Charerntanyarak L. Heavy metals removal by chemical coagulation and precipitation[J]. Water Science and Technology，1999，39（10-11）：135-138.

[12]　吴秀英，吴农忠，赵宏远，等. 硫化钠处理含汞废水[J]. 中国环境科学，1995，15（2）：128-130.

[13]　张跃东. 活性炭吸附法在工业废水处理中的应用[J]. 河北化工，2011，34（6）：74-76.

[14]　Iijima S. Helical microtubules of graphitic carbon[J]. Nature，1991，354（6348）：56-58.

[15]　沈佳佳，石艳洁，吴丰昌，等. 原位掩蔽对底泥汞释放的抑制效果及中试评估[J]. 环境科学研究，2015，28（8）：1281-1287.

[16]　刘丽. 土壤重金属污染化学修复方法研究进展[J]. 安徽农业科学，2014，42（19）：6226-6228.

[17]　Zhao C，Dong Y，Feng Y P，et al. Thermal desorption for remediation of contaminated soil: A review[J]. Chemosphere，2019，221：841-855.

[18]　曹心德，魏晓欣，代革联，等. 土壤重金属复合污染及其化学钝化修复技术研究进展[J]. 环境工程学报，2011，5（7）：1441-1453.

[19]　王立辉，严超宇，王浩，等. 土壤汞污染生物修复技术研究进展[J]. 生物技术通报，2016，32（2）：51-58.

[20]　毕薇，林志坚. 重金属污染土壤修复技术的研究进展[J]. 广东化工，2016，43（13）：110-111.

[21]　Yao Z T，Li J H，Xie H H，et al. Review on remediation technologies of soil contaminated by heavy metals[J]. Procedia Environmental Sciences，2012，16：722-729.

[22]　王宇，李婷婷，魏小娜，等. 污染土壤电动修复技术研究进展[J]. 化学研究，2016，27（1）：34-43.

[23]　刘西萌，谢丽红，钟文挺，等. 成都市蔬菜重金属积累特征及安全生产农艺调控技术简介[J]. 四川农业科技，2020，（1）：49-51.

[24]　Chang T C，Yen J H. On-site mercury-contaminated soils remediation by using thermal desorption technology[J]. Journal of Hazardous Materials，2006，128（2-3）：208-217.

[25]　Wang Y D，Stauffer C，Keller C，et al. Changes in Hg fractionation in soil induced by willow[J]. Plant and Soil，2005，275（1）：67-75.

[26]　Greger M，Wang Y D，Neuschütz C. Absence of Hg transpiration by shoot after Hg uptake by roots of six terrestrial plant species[J]. Environmental Pollution，2005，134（2）：201-208.

[27]　Xun Y，Feng L，Li Y D，et al. Mercury accumulation plant *Cyrtomium macrophyllum* and its potential for phytoremediation of mercury polluted sites[J]. Chemosphere，2017，189：161-170.

[28]　Marrugo-Negrete J，Durango-Hernández J，Pinedo-Hernández J，et al. Phytoremediation of mercury-contaminated soils by *Jatropha curcas*[J]. Chemosphere，2015，127：58-63.

[29]　龙育堂，刘世凡，熊建平，等. 苎麻对稻田土壤汞净化效果研究[J]. 农业环境保护，1994，13（1）：30-33.

[30]　王明勇，乙引. 一种新发现的汞富集植物——乳浆大戟[J]. 江苏农业科学，2010，（2）：354-356.

[31]　Moreno F N，Anderson C W，Stewart R B，et al. Effect of thioligands on plant-Hg accumulation and volatilisation from mercury-contaminated mine tailings[J]. Plant and Soil，2005，275（1）：233-246.

[32] Wang J X, Feng X B, Shang L H, et al. Effects of ammonium thiosulphate amendment on phytoremediation of mercury-polluted soils[J]. Chinese Journal of Ecology, 2010, 29: 1998-2002.

[33] Wang Y D, Greger M. Use of iodide to enhance the phytoextraction of mercury-contaminated soil[J]. Science of the Total Environment, 2006, 368 (1): 30-39.

[34] Kot F S, Rapoport V L, Kharitonova G V. Immobilization of soil mercury by colloidal sulphur in the laboratory experiment[J]. Central European Journal of Chemistry, 2007, 5 (3): 846-857.

[35] Malczyk P. Mercury inactivation in contaminated soil using natural zeolites of the clinoptilolite type[J]. Fresenius Environmental Bulletin, 2009, 18 (7): 1090-1093.

[36] 青长乐, 牟树森. 抑制土壤汞进入陆生食物链[J]. 环境科学学报, 1995, 15 (2): 148-155.

[37] Wang Y J, Dang F, Evans R D, et al. Mechanistic understanding of MeHg-Se antagonism in soil-rice systems: The key role of antagonism in soil[J]. Scientific Reports, 2016, 6 (1): 1-11.

[38] Zeng H C, Jin F, Guo J. Removal of elemental mercury from coal combustion flue gas by chloride-impregnated activated carbon[J]. Fuel, 2004, 83 (1): 143-146.

[39] Goyal M, Bhagat M, Dhawan R. Removal of mercury from water by fixed bed activated carbon columns[J]. Journal of Hazardous Materials, 2009, 171 (1-3): 1009-1015.

[40] 赵伟, 丁弈君, 孙泰朋, 等. 生物质炭对汞污染土壤吸附钝化的影响[J]. 江苏农业科学, 2017, 45 (11): 192-196.

[41] O'Connor D, Peng T Y, Li G H, et al. Sulfur-modified rice husk biochar: A green method for the remediation of mercury contaminated soil[J]. Science of the Total Environment, 2018, 621: 819-826.

[42] 王洪, 任祺, 靳向煜. 羽毛重金属吸附/解吸附性能研究进展[J]. 环境科学与技术, 2013, 36 (3): 150-154.

[43] Marrugo Negrete J L, López Barboza E. Electrokinetic remediation of mercury-contaminated soil, from the mine El Alacran-San Jorge river basin, Cordoba-Colombia[J]. Revista Facultad de Ingeniería Universidad de Antioquia, 2013, (68): 136-146.

[44] Robles I, García M G, Solís S, et al. Electroremediation of mercury polluted soil facilitated by complexing agents[J]. International Journal of Electrochemistry Science, 2012, 7: 2276-2287.

[45] Dash H R, Das S. Bioremediation of mercury and the importance of bacterial mer genes[J]. International Biodeterioration & Biodegradation, 2012, 75: 207-213.

[46] 易龙生, 陶冶, 刘阳, 等. 重金属污染土壤修复淋洗剂研究进展[J]. 安全与环境学报, 2012, 12 (4): 42-46.

[47] Subirés-Muñoz J D, García-Rubio A, Vereda-Alonso C, et al. Feasibility study of the use of different extractant agents in the remediation of a mercury contaminated soil from Almaden[J]. Separation and Purification Technology, 2011, 79 (2): 151-156.

[48] 贾俊峰, 黄阳, 刘方, 等. 汞矿区汞污染土壤的淋洗修复[J]. 化工环保, 2018, 38 (2): 227-230.

[49] 陈宗英, 张焕祯. 汞污染土壤的萃取修复技术研究[J]. 地学前缘, 2012, 19 (6): 230-235.

[50] Liu C Y, Chen C L, Gong X F, et al. Progress in research of iron plaque on root surface of wetland plants[J]. Acta Ecologica Sinica, 2014, 34 (10): 2470-2480.

[51] Liu W J, Zhu Y G, Smith F A, et al. Do iron plaque and genotypes affect arsenate uptake and translocation by rice seedlings (Oryza sativa L.) grown in solution culture? [J]. Journal of Experimental Botany, 2004, 55 (403): 1707-1713.

[52] 张莉, 刘文拔, 丛兰庆, 等. 不同有机肥施用量对小麦吸收重金属汞和铅的影响[J]. 贵州农业科学, 2011, 39 (4): 64-67.

[53] 孙涛. 农田管理对稻田系统汞甲基化及其分布与积累的影响[D]. 重庆: 西南大学, 2019.

[54] Tang Z Y，Fan F L，Wang X Y，et al. Mercury in rice（*Oryza sativa* L.）and rice-paddy soils under long-term fertilizer and organic amendment[J]. Ecotoxicology and Environmental Safety，2018，150：116-122.

[55] Phelps L B，Holland L. Soil compaction in topsoil replacement during mining reclamation[J]. Environmental Geochemistry and Health，1987，9（1）：8-11.

[56] 汪雅谷，卢善玲，盛沛麟，等. 蔬菜重金属低富集轮作[J]. 上海农业学报，1990，（3）：41-49.

[57] Azzaria L M，Aftabi A. Stepwise thermal analysis technique for estimating mercury phases in soils and sediments[J]. Water Air & Soil Pollution，1991，56（1）：203-217.

[58] 谢园艳，冯新斌，王建旭. 膨润土联合磷酸氢二铵原位钝化修复汞污染土壤田间试验[J]. 生态学杂志，2014，33（7）：1935-1939.

[59] Cunningham S D，Berti W R，Huang J W. Phytoremediation of contaminated soils[J]. Trends in Biotechnology，1995，13（9）：393-397.

[60] Ali H，Khan E，Sajad M A. Phytoremediation of heavy metals—Concepts and applications[J]. Chemosphere，2013，91（7）：869-881.

[61] 龙新宪，杨肖娥，倪吾钟. 重金属污染土壤修复技术研究的现状与展望[J]. 应用生态学报，2002，（6）：757-762.

[62] 冯凤玲. 污染土壤物理修复方法的比较研究[J]. 山东省农业管理干部学院学报，2005，（4）：135-136.

[63] 杨国栋. 污染土壤微生物修复技术主要研究内容和方法[J]. 农业环境保护，2001，（4）：286-288.

[64] 陈范燕. 重金属污染的微生物修复技术[J]. 现代农业科技，2008，（24）：297-297.

[65] 李秀艳. TCAS 的合成及其对铅污染土壤的淋洗修复研究[D]. 沈阳：东北大学，2011.

[66] 黄川，李柳，黄珊，等. 重金属污染土壤的草酸和 EDTA 混合淋洗研究[J]. 环境工程学报，2014，8（8）：3480-3486.

[67] 徐加宽，严贞，袁玲花，等. 稻米重金属污染的农艺治理途径及其研究进展[J]. 江苏农业科学，2007，（5）：220-226.

[68] 都韶婷. 蔬菜硝酸盐积累机理及其农艺调控措施研究[D]. 杭州：浙江大学，2008.

[69] 陆文婷. 基于风险管控思路的污染场地修复研究[J]. 安徽农学通报，2016，22（16）：65-67.

[70] United Nations Environment Programme（UNEP）.Global Mercury Assessment 2018[M]. Geneva：UNEP，2019.

[71] 联合国. 关于汞的水俣公约缔约方大会第三次会议——关于污染场地管理的指导意见[M]. 日内瓦：联合国环境规划署，2019.

[72] Canadian Council of Ministers of the Environment（CCME）. Guidance manual for environmental site characterization in support of environmental and human health risk assessment[S]. CCME，2016.

[73] United Nations Environment Programme（UNEP）. Technical guidelines on the environmentally sound management of wastes consisting of，containing or contaminated with mercury or mercury compounds[S]. UNEP/CHW，2015.

[74] Agency for Toxic Substances and Disease Registry . Quick Facts：Health effects of mercury exposure[EB/OL]. [2020-12-10]. https://www.atsdr.cdc.gov/mercury/docs/11-229617-E-508_HealthEffects.pdf.

[75] 夏吉成. 贵州汞矿区安全农产品生产的农艺调控方案[D]. 贵阳：中国科学院地球化学研究所，2016.

[76] Xia J C，Wang J X，Zhang L M，et al. Screening of native low mercury accumulation crops in a mercury-polluted mining region：Agricultural planning to manage mercury risk in farming communities[J]. Journal of Cleaner Production，2020，262：121324.

[77] 朱宗强. 喀斯特地区汞污染土壤生物有效态分析方法及修复技术研究[D]. 贵阳：中国科学院地球化学研究所，2018.

[78] Zhang H，Feng X B，Larssen T，et al. Bioaccumulation of methylmercury versus inorganic mercury in rice（*Oryza*

sativa L.）grain[J]. Environmental Science & Technology，2010，44（12）：4499-4504.

[79]　Zhang H，Feng X B，Zhu J M，et al. Selenium in soil inhibits mercury uptake and translocation in rice（*Oryza sativa* L.）[J]. Environmental Science & Technology，2012，46（18）：10040-10046.

[80]　燕敏. 硒添加对水稻吸收汞的影响与机理[D]. 贵阳：中国科学院地球化学研究所，2015.

[81]　谢园艳. 贵州万山汞污染土壤原位钝化研究与示范[D]. 贵阳：中国科学院地球化学研究所，2014.

[82]　高令健. 贵州万山汞矿区汞风险评估与管控建议[D]. 贵阳：中国科学院地球化学研究所，2020.

第 5 章　环境监管能力建设

5.1　农用地管理制度

2018 年 8 月 31 日，第十三届全国人民代表大会常务委员会第五次会议通过了《中华人民共和国土壤污染防治法》。依据该法第四十九条的规定，国家建立农用地分类管理制度。按照土壤污染程度和相关标准，将农用地划分为优先保护类、安全利用类和严格管控类。

5.1.1　优先保护类农用地管理制度

（1）编制土壤环境保护方案。开展土壤环境保护优先区域污染源排查。禁止在优先保护区域范围内新建有色金属、皮革制品、石油煤炭、化工医药、铅蓄电池制造等项目。推广秸秆还田、增施有机肥、少耕免耕、粮豆轮作、标准农膜使用与回收利用等措施，保障优先保护类耕地质量。

（2）做好优先保护耕地与基本农田的衔接。根据铜仁市土壤环境污染状况详细调查结果，将优先保护类耕地划为永久基本农田，实行严格保护，确保面积不减少、土壤环境质量不下降。严格执行非农业建设占用基本农田审批制度，除国家能源、交通、水利和军事设施等重点建设项目以外，其他非农建设一律不得占用。农村土地流转过程中，受让方和出让方要对土壤环境质量保护进行约定，明确土壤环境保护的主体责任。

（3）建立土壤保护优先区域土壤环境管理制度。在优先保护区域内设立保护标识、公告、宣传和说明等设施。统一命名、统一标识和统一网格化监管，设立监测点位，定期开展监测预警。综合考虑粮食生产、土壤环境保护、社会经济发展等因素，探索建立纵向和横向的土壤环境保护补偿机制。

（4）定期开展优先保护类农用地土壤环境保护成效评估。

5.1.2　安全利用类农用地管理制度

（1）建立耕地土壤环境质量预警制度。根据铜仁市土壤环境质量现状及土壤背景特点，建立铜仁市土壤环境质量预警线。根据土壤环境质量监测数据，定期开展土壤环境质量的分析研判工作。对接近预警线的区域，分析影响该区域土壤环境质量的主要因素，并提出控制土壤环境质量下降的措施或方案。

（2）建立农用地土壤环境风险评估制度。针对重金属含量达到或超过污染土壤风险管控标准的集中农田区域，或者超过农用地相应类型土壤环境质量标准的集中区域，开展农用地土壤环境风险评估。

（3）统一编制农用地安全利用方案，落实安全利用技术措施。根据农用地土壤环境污染状况详细调查结果，圈定实施安全利用的农用地分布区域、范围和面积。由管理部门联合科研单位等统一编制农用地安全利用方案。安全利用方案的编制需要充分考虑土壤和农产品的污染程度，结合当地的种植制度，因地制宜采取农艺调控与辅助土壤修复技术（增施钝化剂、阻隔剂、改良剂等）和轮耕休耕等措施，降低农产品重金属超标风险。

（4）建立农产品质量安全检测制度。定期开展农产品质量抽样检测，及时掌握农产品质量状况。

（5）建立安全利用类土壤环境质量及农产品风险预警系统。

5.1.3　严格管控类农用地管理制度

（1）对严格管控类耕地的用途进行严格管制。涉及重度污染耕地的县（市、区）要依法划定特定农产品禁止生产区域，明确界限，设立标识，严禁种植食用农产品和饲草。在重度污染耕地区域周边建设隔离带、禁止使用地下水等。对威胁地下水和饮用水水源环境安全的区域，需制定环境风险管控方案。

（2）调整农田利用类型。根据调查结果划定严格管控类农田范围，并制定管控方案。不适宜种植农作物的重污染地区，调整农田为农业旅游开发用地或景观植物种植基地等，以非食用性经济作物或林木替代粮食作物。

5.2　建设用地管理制度

依据《中华人民共和国环境保护法》《中华人民共和国自然资源土壤污染防治法》《污染地块土壤环境管理办法（试行）》《关于保障工业企业场地再开发利用环境安全的通知》《关于部署应用全国污染地块土壤环境管理信息系统的通知》等文件的有关规定和要求，贯彻落实《土壤污染防治行动计划》《贵州省土壤污染防治工作方案》《铜仁市土壤污染防治工作方案》，规范建设用地准入管理工作，防控污染地块环境风险，结合铜仁市先行区建设实际，铜仁市大气、水、土壤污染防治工作联席会议办公室编制印发了《铜仁市污染地块再开发利用管理工作程序（试行）》（铜环通〔2018〕150号），这项工作程序指出以下内容。

5.2.1　建立和共享污染地块相关信息

各级工信部门将掌握的关停搬迁工业企业名单及时提供给生态环境行政主管部门；自然资源部门将已收储的工业企业地块名单及时提供给地块所在生态环境行政主管部门；生态环境行政主管部门汇总部门提供的信息，结合土壤污染状况详查及日常工作中掌握的情况，建立本区疑似污染地块名单，及时上传至污染地块信息系统，并实行动态更新；对列入疑似污染地块名单的地块，区（县）生态环境行政主管部门书面通知土地使用权人，为其分配污染地块信息系统账号，督促其完成土壤环境初步调查，将相关报告上传至污染地块信息系统，并向社会公开；市生态环境部门根据土地使用权人上传的土壤环境初步调查报告，建立污染地块名录，污染地块在治理修复验收合格前，不得开发建设。

按照国家有关环境标准和技术规范，以及土壤环境初步调查报告中的风险等级计算分值和风险等级分级建议，确定污染地块的风险等级；区（县）生态环境行政主管部门应对本区具有高风险的污染地块，优先开展环境监管；对列入污染地块名录的地块，市生态环境部门应书面通知土地使用权人，督促其按照国家有关标准和技术规范，开展土壤环境详细调查、风险评估、风险管控、治理修复及其效果评估等工作，将相关报告上传至污染地块信息系统；生态环境局、自然资源局、土地利用规划等部门通过污染地块信息系统，实现疑似污染地块名单、污染地块名录和疑似污染地块土壤环境初步调查报告，以及污染地块土壤环境详细调查报告、风险评估报告、风险管控方案、治理与修复方案、治理与修复效果评估报告和专家评审意见等信息共享。

5.2.2　严格污染地块用地准入管理

在申报新增建设用地时，对列入污染地块名录的土地进行治理，合格后方可申报用地，不合格的，不予申报用地；管理部门开展涉及疑似污染地块和污染地块的土地征收、收回、收购等工作时，应通过污染地块信息系统查询相关地块的土壤环境质量状况是否符合规划用途土壤环境质量要求，对于不符合相应规划用地土壤环境质量要求的地块，不得办理供地手续；政府在编制城市总体规划时，应根据疑似污染地块、污染地块名录及其风险评估结果、负面清单，对污染地块土地的用途提出原则要求；政府及其规划部门在编制控制性详细规划时，应充分考虑疑似污染地块、污染地块名录及其风险评估结果，合理确定污染地块的土地用途。

5.2.3　明确污染地块风险管控要求

生态环境行政主管部门应会同自然资源局、土地利用规划等部门，根据污染地块名录确定暂不开发利用或现阶段不具备治理条件的污染地块，并督促土地使用权人编制污染地块风险管控方案，上传至污染地块信息系统。加强暂不开发利用地块的管理，进一步明确暂不开发利用污染地块范围。对已确认为污染地块的，要督促土地使用权人抓紧开展土壤环境详细调查和风险评估。根据风险评估结果，并结合污染地块相关开发利用计划，有针对性地对污染地块实施风险管控。

5.3　重点监管企业管理制度

5.3.1　建立重点监管在产企业管理制度

对重点监管的在产企业，督促企业及时开展土壤、大气和地下水环境质量及污染状况调查，根据调查结果，发现存在污染扩散或环境风险超出可接受水平的，督促企业制定在产企业风险管控技术方案（划定风险管控区域，设立标识，实施污染物隔离、阻断等或采取治理修复工程措施），并由政府管理部门进行监督检查。

5.3.2　建立重点监管企业历史遗留污染地块风险管理制度

将历史遗留污染地块，区分为两种类型：①暂不开发利用或现阶段不具备治理修复条件的潜在污染场地，相关环保部门应委托第三方技术单位编制风险管控技术方案，组织有关单位落实风险管控措施，通过调控土地规划用途的方法，不同功能用途的用地具有不同的土壤及地下水环境质量要求，合理调控污染场地的风险管控或治理修复措施。②以拟开发利用为住宅、商业、学校、医疗、养老场所、游乐场、公园、体育场和展览馆等环境敏感性用地的潜在污染场地为重点，相关责任方必须委托第三方单位开展风险评估，编写《场地土壤污染风险评估报告》。根据开发紧迫性等，委托有关单位及时开展风险评估，并规范组织实施治理修复工程措施。

5.4　土壤污染源头防控制度

5.4.1　重点监管企业稳定达标排放

严格执行有色金属冶炼行业等环境准入要求，严禁新改扩建以金属再生和资源综合利用名义导致区域性重金属污染物排放增加的项目。提高行业清洁生产技术水平，大力实施污染物达标排放整治工程。

1）重点监管企业汞污染综合整治

按照《关于深入推进重点企业清洁生产的通知》等政策文件要求，大力推进涉汞企业强制性清洁生产审核，提出切实可行的清洁生产方案，减量化集中处理生产过程产生的废气和废水，安全处理含汞废渣；实施涉汞企业全面达标排放，督促企业完成生产工艺及装备自动化升级改造，实施最佳可行技术和最佳环境管理实践。

改变现有不同企业执行汞污染物排放标准混乱不一的现状，严格执行统一的排放标准要求。有色金属冶炼及回收企业按照企业类型，总悬浮颗粒物、二氧化硫、氮氧化物和汞等各污染物根据行业分别达到《工业炉窑大气污染物排放标准》（GB 9078—1996）、《锡、锑、汞工业污染物排放标准》（GB 30770—2014）及《大气污染物综合排放标准》（GB 16297—1996）等相关标准要求。

对涉汞企业安装自动监控装置，实行实时监控和动态管理。涉汞企业需对各类生产和消防安全事故制定环保处置预案、建设环保应急处置设施。鼓励企业和相关科研单位加强合作，研发和推广汞污染防治先进新技术。

2）开展重点监管企业新建项目环境影响评价

主要排放污染物为镉、汞、砷、铅、铬、锰、锑和铊的建设项目，开展环境影响评价时，需增加对土壤环境影响的评价内容，并提出防范土壤污染的具体措施。从严审批新建或扩建涉及汞冶炼、氯化汞触媒生产及含汞废物回收处置的建设项目。

3）环境污染第三方治理

排污企业付费购买专业环境服务公司的治污减排服务，提高污染治理的产业化和专业化程度。规范汞化工产业发展，加强对汞化工循环经济示范区的环境监管，规定汞化工企业必须入园生产。鼓励规范的、有实力的国企、央企和大型民营企业对小企业进行兼并重组，提升、规范和控制生产水平及规模，改变汞化工产业"小、散、乱"的状况。加强涉汞企业对装备和工艺进行升级改造，严格配套建设环保设施。

5.4.2　含重金属废渣的安全处置

实施含重金属废渣综合利用示范工程，制定具体的综合治理方案，研发含重金属废渣治理技术，使治理后的重金属废渣环境风险能得到有效控制。

加强对已完成的废渣堆修复工程的监控，已完成的废渣堆原则上不应再次进行扰动，以加快废渣的安全处置进程和提高投资效益。对在建的废渣安全处置工程要同步开展渗滤液收集与处理处置设施的设计和建设。已经完成建设任务的废渣堆安全处置工程若没有建设渗滤液收集处理设施的，要尽快进行改建，及时完成渗滤液收集与处置设施建设与运行。

5.5　治理与修复工程全过程监管制度

5.5.1　严格企业废弃生产设施的拆除行为

有色金属冶炼、化工、焦化、电镀、电子废物拆解等行业企业拆除生产设施设备、构筑物和污染治理设施，要按有关技术规范，委托第三方单位事先制定残留污染物清理和安全处置方案，并报所在地县级环境保护、经济和信息化部门备案，有关单位要严格按照相关规定实施安全处理处置，防范拆除活动污染土壤。采取监管措施如下：

1）落实企业拆除活动主体责任

督促企业依据《企业拆除活动污染防治技术规定（试行）》（环保部公告 2017 年第 78 号），做好企业拆除活动污染防治方案、拆除活动环境应急预案和企业拆除活动环境保护工作总结报告的编制、备案、资料管理，以及拆除过程中污染风险点识别、施工区划分和遗留设备、污染物的清理等工作，防止发生二次污染。

2）加强腾退土地污染风险管控

落实《污染地块土壤环境管理办法（试行）》（环保部令 2016 年第 42 号），将重点行业企业搬迁后原址场地，特别是城镇人口密集区危险化学品生产企业搬迁改造工作中确定的需异地迁建、关闭退出的危险化学品生产企业原址场地，及时列入疑似污染地块名单，督促业主单位开展场地土壤环境调查、风险评估等工作，将相关报告文件上传至全国污染地块信息系统，做好企业拆除活动与后续污染地块调查等工作的衔接。

3）加强企业拆除过程中危险废弃物监管

加强拆除过程中产生的危险废弃物的监管。对于未严格落实危险废弃物处置管理规定的拆除、搬迁企业，按照《中华人民共和国固体废物污染环境防治法》对危险废弃物贮存、转移、处置利用及转移联单等内容开展执法检查，对检查中存在环境违法问题的企业，依法进行查处。对非法转移、倾倒、利用和处置危险废弃物构成犯罪的企业和个人，严格按照《中华人民共和国环境保护法》、"两高司法解释"等相关内容，及时进行案件移送，对相关责任人实施行政拘留、追究刑事责任等措施。

4）加大信息公开力度

相关管理部门应公开工业企业关停、搬迁及原址场地再开发过程中污染防治监管信息，督促搬迁关停工业企业公开搬迁过程中的污染防治信息，并及时公布场地土壤、地下水环境质量状况。

5.5.2　明确治理修复的责任主体

按照"谁污染，谁治理，谁损害，谁担责"原则，造成土壤污染的单位或个人要承担治理与修复的主体责任。责任主体发生变更的，由变更后继承其债权、债务的单位或个人承担相关责任；土地使用权依法转让的，由土地使用权受让人或双方约定的责任人承担相关责任。

造成农用地土壤污染的单位或者个人应当承担农用地污染调查、监测、风险评估、风险管控或治理的责任。有下列情形之一的，应当确定为农用地土壤污染责任人：①从事生产、经营等活动，造成农用地土壤污染的单位或个人；②向农用地土壤施用国家有关法律法规禁用的农用化学品或使用有毒有害物质超标的肥料、土壤改良剂，造成农用地土壤污染的单位或个人；③因突发环境事件造成农用地土壤污染的单位或个人；④其他直接或间接造成农用地土壤污染的单位或个人。

5.5.3　规范全过程管理

由责任单位根据土壤环境调查和风险评估结果，结合土地利用规划和相关部门的要求，制定污染土壤修复技术方案，并在政府土壤环境监管平台上进行主要内容公开。责任单位要严格按照修复技术方案确定的技术路线进行工程施工招投标，中标单位在施工开始前编制施工工程方案和组织实施方案。加强修复过程中产生的废水、废气和固体废物的污染治理，严防发生新的污染。工程完工后，责任单位应委托第三方机构对治理修复效果进行评估，编制修复工程评估报告。需要进行长期管控的，应当加强修复工程完工后的运营维护和监管。

5.6　联席调度会议制度

成立土壤污染综合防治示范区建设工作领导小组和办公室，各部门协同配合，共同推进土壤环境保护和综合治理工作。建立全市土壤污染防治工作联席会议制度。领导小组定期召开会议，检查各项目标任务进展情况，及时协调解决实施过程中的有关问题，研究和部署方案的各项工作。要加强统一指导、统筹协调和监督检查，各有关部门要认真按照职责分工，协同做好土壤污染防治相关工作。成立铜仁市土壤污染综合防治示范区建设专家顾问小组和专家组，全程参与和指导铜仁市土壤污染综合防治示范区建设过程。有关行政主管部门依据《铜仁市土壤污染综合防治示范区建设方案》分工要求进行指导和监督。

第 6 章　典型工程案例

6.1　矿区变公园——万山国家矿山公园

6.1.1　背景

　　万山，古称大万寿山，地处武陵山区集中连片贫困地区的腹地。在汞矿开采和冶炼期间，受当时生产力发展水平限制和人为因素影响，对生产过程中产生的含汞"三废"（废气、废水、废渣）治理力度不够，致使汞矿开发在为国家创造财富的同时，也给区域内的环境和群众身体健康带来危害。1950～1995 年汞矿开采冶炼中，产生大量含汞废气、含汞废水、炼汞炉渣和采矿废石[1]。部分废石矿渣和全部冶炼废渣就近堆放在尾矿库或渣场，且尾矿库或渣场大多数分布于陡峭的山坡上，由于未采取防治措施或部分采取的防治措施已毁坏，堆积如山的矿渣一遇到暴雨就随山洪冲刷而下，淤塞河道，冲毁公路、房屋和耕地，使辖区内的农田、耕地受到汞污染，造成种植的农产品出现不同程度的汞超标。长期破坏性开采导致万山汞矿在 2001 年宣告政策性破产关闭，2009 年 3 月，国务院将万山列为全国第二批资源枯竭型城市。昔日红遍天下的朱砂古镇走向破败，矿区残垣断壁、满目疮痍，成为全国最典型、最贫困的资源枯竭型城市之一[2]。

6.1.2　矿区环境治理

1. 矿区"三废"的综合治理

　　万山汞矿虽然关闭，但历史遗留的汞污染源却一直存在。不同于一般的工业污染，万山汞污染是特定时代、特定体制下的产物。针对该污染，万山区相关单位在政府的引导下开始对矿区的环境进行治理，并在万山新建唯一"全国汞化工循环经济产业园"。按照"取缔关闭一批、暂缓停建一批、重组整合一批、限期整改一批"的要求，所有涉汞行业全部"退城入园"。整改关闭汞矿开采化工企业，整合原汞矿人才、技术、设备优势，对含汞废料进行"循环利用"。在此基础上对历史遗留的"三废"进行综合治理，全面控制汞矿区污染物排放。仅 2013 年，万山区就查处了土法炼汞 13 处，捣毁土法炼汞炉灶 70 余座，没收毛汞 100 多千克、废氯化汞触媒 50 余吨[3]。

　　万山在治理"三废"上投入超过 2 亿元，鼓励企业和国内外科研院所进行合作，研究烟气深度脱汞工艺技术，实现废气长期稳定达标排放。2009 年开始，万山采用固化法治理汞矿附近的巨量废渣，下溪河、敖寨河区域建成总库容达 120 万 m³ 的万山经济开发区固废填埋场。并实施矿渣生态环境治理、矿山地质灾害治理、尾矿库闭库治理等生态治理工程，修建挡砂墙、截洪沟、排水管、过滤池，进行大量渗漏废水处理、土地复垦、固化植绿工作，有效防治其带来的水土污染、挤占河道、占压土地、淹没农田等危害。经过综合比较、技术比选和成本考量，确定污染流域的治理思路：通过底泥清挖，消除底泥中重金属污染物对地表水体的污染；通过填埋处置避免或减少废渣及底泥中重金属污染物对区域土壤、水体的污染。

　　2. 矿区废硐、废居和废石综合开发

　　1）开发废硐

　　万山汞矿遗址保留有大量自古以来开凿的洞口、石梯、隧道、刻槽、标记、矿柱、巷道、"以火攻石"等长达 970km 的采矿坑道。废硐遗址由仙人洞、黑硐子与云南梯、冷风硐、小硐、穿山硐遗址构成。其中，万山汞矿仙人洞、黑硐子、云南梯被国务院列入第六批全国重点文物保护单位。

　　2008 年，万山区投资 2000 万元建设"中国汞都·贵州万山国家矿山公园"，科学规划建设集采矿遗迹体验区、冶矿遗迹观光区、博物遗迹考察区、汞都休闲娱乐区为一体的国家矿山公园。景区运用现代高科技手段，对采矿遗址进行全新包装，把绵延纵横 970km 的地下矿洞变成"地下长城"；陡峭险峻的矿山悬崖架起玻璃栈道，打造吊桥、滑索、云雾天台等新景点；矿洞内通过雕塑与灯光的打造（如时光隧道等）让游客观赏汞矿遗址景观，充分利用独具特色的工业遗址和工业文化，还原采矿、选矿和冶炼的场景[4]。

　　2）开发废居

　　围绕"千年丹都·朱砂古镇"文化，对矿工宿舍、矿业学校、人民公社食堂、供销社、大礼堂等 760 栋矿区建筑遗址进行挂牌建档保护。同时，将贵州汞矿建筑中保存较为完整、具有代表性的机选厂、冶炼厂、科研所、苏联专家楼等 19 栋建筑申报为第七批全国重点文物保护单位，实施"修旧如旧"式修缮与维护。尤其是"那个年代"一条街，通过对原汞矿废旧生活区进行改造，以人文塑造、还原生活场景等表现方式，建成规模宏大的影视基地，让游客可以真切地感受到 20 世纪艰苦卓绝的 50 年代、激情燃烧的 60 年代、热潮澎湃的 70 年代、与时俱进的 80 年代和继往开来的新时代脉搏，追寻不同时代的时光记忆。"变废为宝"打造朱砂古镇，使万山旅游实现了从无到有、从有到优，年接待游客量突破 100 万人次，直接解决贫困群众就业 1000 多人，实现了从人迹罕至、危楼遍布的老旧矿区向商贾不暇、车流不息、安居乐业的旅游新区转变，成为贵州最具活力的旅游热点之一。

万山汞矿工业遗产博物馆是对汞矿场所进行改造性再利用而建的，是全国唯一的汞工业文化专题博物馆。2008 年，将原贵州汞矿科学文化中心旧址改建成博物馆，馆址位于铜仁市万山区万山镇土坪社区。展陈内容以汞矿发展史为主线，展示贵州汞矿生产各个时期留下的珍贵资料。内设展示厅、陈列厅、演示厅，馆内藏有标本、汞矿设备、文史资料、民族特色文物，反映汞矿生产工艺与汞工业历史进程。博物馆藏有生产工具、矿石标本、工作服饰等文物 352 件，生活照片 500 余幅，电影放映设备一套，以及史料文本；已征集到口述史视频资料 34 个、人物简介 61 份、文物 241 种、历史图片 900 余幅。陈设物品基本还原了汞矿演变的历史轨迹与概貌，运用声、光、影等高科技手段，再现各个历史阶段选矿、采矿、炼矿中的工作情景。如今作为爱国主义教育基地，与蜿蜒 970km 的井下巷道一同向参观者静默地讲述着万山汞矿的百年历史。

3) 开发废石

"世界朱砂看中国，中国朱砂看万山"。2016 年，铜仁市万山区人民政府高标准建成了朱砂工艺品产业园，集产品研发、培训、生产、检验、销售、展示于一体，配套建成了全国最大的朱砂工艺品线上线下交易中心。目前，朱砂工艺产业园入园企业 39 家，生产的产品种类有朱砂雕刻、朱砂摆件、朱砂首饰、朱砂印章等 20 多个品种，已远销北京、山东、湖南、江苏、浙江和云南等地。越来越多的昔日汞矿工人变身朱砂文化的制作者、经营者和传播者，朱砂工业年产值从数百万增长至 6 亿多，直接或间接吸纳从业人员近 2000 人。

6.1.3 矿山公园建设

万山汞矿上千年的采冶历史，留下了 200 多处古代采矿遗址和建筑，面积达 46 万 m^2 的近现代工业建筑以及长达 970km 的采矿坑道等弥足珍贵的文化遗存，现在这些遗存保存较为完整，具有重要的历史、艺术、科学等方面的价值。这些工业遗产具有开发成旅游主题公园的潜力，实现当地产业转型，且工业遗产旅游非常适合传统物质资源枯竭型城市的经济振兴[5, 6]。

国际上有不少资源型城市通过这种方式走上成功转型之路，如德国的鲁尔工业区、英国的威尔士地区、日本的九州等[6]。我国早期已经开发有"钱塘江大桥""中国第一个核武器研制基地""酒泉卫星发射中心导弹卫星发射场遗址""大庆油田第一口油井"等多处具有发展工业旅游潜力的近现代工业遗产和标志性工业设施[5]。因此，万山汞矿在 2001 年宣告政策性破产关闭后，2005 年获批建立万山国家矿山公园；2006 年，被列入全国重点文物保护单位；2012 年，被列入《中国世界文化遗产预备名录》；2013 年，列为"贵州省科普教育基地"；2014 年被评为国家 4A 级旅游景区（图 6.1）；2015 年，在国家矿山公园基础上建设朱砂古镇[7]（图 6.2）。

图 6.1　万山国家矿山公园地下矿洞（图片来源：微万山公众号）

图 6.2　朱砂古镇（图片来源：微铜仁公众号）

6.1.4　工程效益

1. 环境效益

项目的实施消除了历史遗留污染源对周围水体、大气及土壤的长期污染，遏制了重金属对人体健康造成的潜在威胁，创建了优美、舒适、健康、清洁、人与自然和谐共处的环境，保障了人民安居乐业。

2. 社会效益

项目的实施改善了矿区的公共安全和生态环境，对保障人居环境安全和农产品质量安全具有重要意义，同时提高了公众健康水平，改善了投资环境，增加了就业机会和提高了居民的环境保护意识。

3. 经济效益

2014～2018 年，万山游客数从十几万人次上升到 200 多万人次，旅游收入从 1 亿多元增长至十几亿元，实现了井喷式增长，带动就业和创造工作岗位 2000 余个，保障了本地经济发展潜力，推动区域经济可持续发展。

6.2　渣堆变青山——碧江区螃蟹溪汞渣堆治理工程

6.2.1　背景

螃蟹溪位于铜仁汞矿所在地云场坪镇，铜仁汞矿自明洪武年间开采以来，已有 600 余年历史。中华人民共和国成立后，矿山勘察与开发得到了空前发展。洪水洞、螃蟹溪等地共探明 4 个大型、2 个汞矿床。20 世纪 90 年代末螃蟹溪虽资源枯竭，但早期的汞矿开采和冶炼活动在该区域产生大量的汞渣，急需处置。

6.2.2　工程概况

按照《贵州省一般工业固体废物贮存、处置场污染控制标准》（DB 52/865—2013）和《贵州铅锌矿采冶废渣污染场地原位（综合治理）修复工程指南（试行）》等标准，制定了原位修复方案，旨在减少渣堆的地质灾害并控制重金属向外环境迁移扩散。

螃蟹溪山上地区堆渣体主要为冶炼废渣，废渣总面积为十多万平方米，废渣体积总量为 200 多万立方米，废渣重量 400 多万吨。

6.2.3　螃蟹溪污染现状

螃蟹溪为铜仁市碧江区云场坪镇汞矿四大矿区之一。堆存的废渣主要为冶炼废渣和开采废渣。由于早期生产工艺粗放简陋，没有建起渣坝，也没有针对性的环境保护和治理设施，致使矿渣区周围植被稀疏，生态环境破坏严重（图 6.3）。螃蟹溪矿区废渣堆点是目前铜仁市碧江区废渣堆存量最大、废渣污染面积最广的地方。整个废渣堆存在沟谷中，没有地表径流从渣体周边流过，但是在有降水的情况下，沟谷内会形成地表径流冲刷渣体表面，使得重金属污染物向下游环境中迁移。

图 6.3　螃蟹溪历史遗留汞渣污染综合整治工程施工前

1. 矿渣汞含量

汞矿区矿渣是重要的汞释放源，夏吉成等[8]对云场坪镇矿区的汞矿废渣进行采样分析，采集矿渣堆堆体表层 5cm 以下的矿渣并对矿渣中汞含量进行检测时发现，不同采样点矿渣中总汞含量变化较大，这可能与采样点位的水文条件和不同时期汞冶炼工艺有关。当外部水动力较强时，矿渣中的汞会随水流迁移到周围环境，导致周边污染进一步加剧。

2. 水体汞污染

螃蟹溪周边虽没有地表水，但是降水时将形成地表径流。这些冲刷废渣表面后形成的地表径流，将废渣中的重金属汞带入渣堆下游黄蜡洞。黄蜡洞的水流从北往南进入马岩河，并最终汇入锦江河，造成汞污染扩散。

据报道，云场坪镇汞矿窑洞农用水总汞含量平均值为 138.487μg/L[9]。由于长期的开采活动，矿区周围生态已经受到严重的破坏，矿窑周围堆满了废渣，土层稀薄，植被稀少。含有重金属的地表径流通过渗透作用直接污染到地下暗河，从而使污染发生迁移。

监测发现，云场坪镇居民井水总汞含量平均值为 50.306μg/L[9]，已远远超过国家《生活饮用水卫生标准》（GB 5749—2006）规定的数值。

考虑重金属污染迁移至农产品中的途径之一为农用灌溉，灌溉水（通常是以当地溪水、井水为水源）中的重金属离子会以多种形式或形态被植物吸收，通过食物链，最终进入人体。

3. 土壤汞污染

周曾艳等[10]分别采集云场坪镇汞矿区的表层（0～20cm）及深层（20～40cm）的土壤，并对土壤样品中的总汞进行测定，其监测结果见表 6.1 和表 6.2。

表 6.1 云场坪镇汞矿区土壤中（0～20cm）汞含量

地点	样品	总汞范围（均值）/(mg/kg)	甲基汞范围（均值）/(mg/kg)	甲基汞占比/%	pH
	稻田	37.14～121.52（79.33）	1.68～5.79（3.73）	0.001～0.003	6.2～7.1
云场坪	旱地	32.14～114.54（73.34）	0.98～3.97（2.47）	0.001～0.002	7.5～8.1
	菜地	42.04～121.52（81.78）	2.77～4.67（3.72）	0.001～0.003	5.2～7.1

表 6.2 云场坪镇汞矿区表层（0～20cm）与深层（20～40cm）土壤总汞含量对比

地点	样品	表层土壤总汞均值/(mg/kg)	深层土壤总汞均值/(mg/kg)
云场坪	旱地	73.34	43.65
	菜地	81.78	75.51

结果表明，汞矿区居民区土壤总汞含量变化范围较大，且含量较高，土壤中总汞含量的平均值已远远超过《土壤环境质量 农用地土壤污染风险管控标准（试行）》（GB 15618—2018）中 6.0mg/kg 风险管制值。由于当地多数农田紧靠汞矿开采区，加上常年的雨水冲刷和用被污染的水灌溉，直接影响当地农用土壤汞含量。

另外，表层土壤总汞高于深层土壤，这说明雨水和灌溉水的渗透作用可能是总汞污染从浅层往深层土壤迁移的途径之一。

4. 大气汞污染

为了解铜仁汞矿在闭坑后矿区的大气汞污染特征，夏吉成等[8]对贵州省铜仁汞矿区的大气进行了采样，并对土壤中大气汞浓度进行测定。结果见表 6.3 和表 6.4。

表 6.3　铜仁汞矿区大气汞浓度

区域描述	采样点数/个	浓度/(ng/m³)		
		最小值	最大值	平均值
尾渣堆放区域	9	13.7	139	57.4
矿区周边	4	7.3	13.9	10.4
贵阳	3	5.8	7.4	6.5

表 6.4　国内外部分汞矿区大气汞的含量　（单位：ng/m³）

汞矿名称	地理位置	大气汞
务川汞矿	中国，贵州省	7～40000
万山汞矿	中国，贵州省	17.8～1100
内华达州汞矿	美国，内华达州	13～866
巴拉望汞矿	菲律宾，巴拉望	0.9～65
埃尔卡亚俄汞矿	委内瑞拉，埃尔卡亚俄	280～100000

由表 6.3 可知，铜仁汞矿区大气汞浓度的空间变化较大，从尾渣堆放区域到矿区周边呈显著降低趋势。例如，矿区尾渣堆放区域大气汞平均浓度为 57.4ng/m³，矿区周边的云场坪镇上的大气汞平均浓度为 10.4ng/m³。铜仁汞矿大气汞浓度明显高于北半球内陆大气汞的背景浓度（～1.5ng/m³）以及同期贵阳市大气汞浓度（6.5ng/m³）。与国内外典型汞矿区大气汞浓度相比，除菲律宾巴拉望汞矿区外，铜仁汞矿区的大气汞浓度明显偏低（表 6.4），这可能与铜仁汞矿闭坑停产较早有关。

6.2.4　螃蟹溪渣堆治理方案

对螃蟹溪污染状况分析表明，受降水、地表径流、生态环境破坏等因素的影响，汞渣堆中的含汞重金属不断向环境中迁移，造成云场坪镇矿区附近的农田土壤、居民生产生活使用的灌溉水和井水及大气等受到不同程度的汞污染，进而直接或间接地对当地居民的健康产生巨大影响。因此，为保障矿区下游土壤、水体、大气不再继续受到污染，对污染源螃蟹溪大面积废渣堆点的治理刻不容缓。下面将详细介绍该区域渣堆治理方案。

工业固体废物处置技术通常采用标准化固废渣场异位填埋、原地新建标准化固定渣场及原位风险管控三种思路。结合不同治理工艺的经济性、可行性等指标并比选，充分考虑螃蟹溪渣堆已经成为较稳定的状态，且废渣体量巨大，如果对废渣大面积扰动搬迁，不仅搬运工程量巨大，价格高昂，难以找到另一个适合场址新建填埋场，而且扰动渣体后带来的后果难以估计。螃蟹溪堆渣区为寒武系花桥组、敖溪组典型地质结构，主要岩性为灰岩、白云岩、白云质灰岩等，属较硬岩-坚硬岩，厚度在175～530m。鉴于实际情况，其地质受地下水影响较小，且不易渗透影响地下水。综上，对螃蟹溪汞废渣选择原位修复的处理方式，并参照《贵州省铅锌矿采冶废渣污染场地原位（综合治理）修复工程指南（修订稿）》与《贵州省一般工业固体废物贮存、处置场污染控制标准》（DB 52/865—2013）对封场及生态修复要求。

（1）将分散堆积、体量较小的散点废渣进行清挖和转运，运送至较近的点位集中堆存，尽量减少废渣堆积面积，有效降低治理成本。

（2）通过建设挡渣墙、骨架护坡，防止废渣堆体产生滑坍，并通过对废渣堆进行削坡整形，保证废渣堆的稳定。

（3）在治理范围周边修建截洪沟，阻断汇水范围内的地表径流进入渣场，场地范围内修建排水沟，将治理范围内的地表径流导排至截洪沟，使其最终流向治理区域之外。

（4）在钝化了的渣体上方压实覆盖30cm厚的黏土，阻断地表水浸入渣体的途径。

（5）在黏土之上覆盖50cm后的清洁耕作土，采用草-灌结合的种植模式，进行植被恢复，达到水土保持和生态复绿的目的。

（6）在治理后的废渣堆坡脚设置地下水监测井和渗滤液监测池，地下水监测井主要用于检测含汞废渣中污染物是否向地下迁移，渗滤液监测池主要收集可能产生的渗滤液，并对渗滤液（淋溶液）中污染物含量进行长期监测，确保达标排放。

1. 挡渣墙

为实现散乱分布废渣的集中处置和保障治理后废渣堆体的稳定，工程建设挡渣墙13处（包括格构护坡区域挡渣墙3处）。综合考虑挡渣墙修建位置工程地质条件、施工条件及工程造价等因素，选择浆砌石挡墙作为挡渣墙。根据相关资料，浆砌石挡墙结构有仰斜式、折背式、直立式、俯斜式及衡重式。仰斜式挡渣墙抗倾覆性较好，且工程量较小，经综合考虑，选用直立式和仰斜式挡渣墙两种。

工程新建挡渣墙均为浆砌石结构，胶结材料采用 M10 水泥砂浆，每 10～15m 设置分缝，宽约 15mm，缝间设置沥青杉木板；挡墙顶部采用 30mm 厚水泥砂浆抹面，下游勾凸缝，挡墙底部及墙身中部设置渗流孔，纵向按照间距 2m 布置，渗流孔为 φ100UPVC 排水管，从墙前到墙后应设置 5% 的纵坡。

根据《贵州省铜仁市云场坪螃蟹溪山上、路腊古寨地区水文地质调查报告》，工程建议以粉质黏土层为基础持力层；当以强风化岩层为基础持力层时，挡墙基础埋深不应小于 1.0m，襟边宽度不小于 1.5m；当粉质黏土层较厚，强风化岩层较深时，也可考虑采用粉质黏土层作为基础持力层，但必须对粉质黏土基础层进行改造，以满足挡渣墙的承载力要求，以粉质黏土层为基础持力层的挡渣墙基础埋深不应小于 1.5m，襟边宽度不小于 2.0m。

2. 截洪沟

为减少地表径流对治理范围内渣体的淋溶、冲刷，保证覆土的稳定性，工程采用外围修建截洪沟、内部修建排水沟的方式，导流场地内外地表径流。截洪沟的设计参考《贵州省一般工业固体废物贮存、处置场污染控制标准》（DB 52/865—2013）、《贵州铅锌矿采治废渣污染场地原位（综合治理）修复工程指南（修订稿）》及《贵州省铜仁市云场坪螃蟹溪山上、路腊古寨地区水文地质调查报告》。

截洪沟：尺寸为 0.3m×0.3m 的截洪沟采用 C15 现浇砼矩形断面，尺寸为 1.0m×1.0m 和 1.5m×1.5m 的截洪沟采用浆砌石矩形断面，截洪沟各段要顺接；截洪沟出口处设计成喇叭口形式。现浇砼截洪沟材质为 C15 现浇砼，渠壁厚度为 0.15m，渠底厚度均为 0.1m，沟底垫层采用 0.1m 厚碎石。浆砌石截洪沟侧墙采用 M7.5 浆砌石，沟底为黏土夯实。浆砌石截洪沟应选用质地均匀、坚硬、无裂缝、不易风化的石料，石料表面无风化屑、泥迹、污垢等；对所用石料进行抗压试验，尽量选用较大的石块砌筑，浆砌片石极限抗压强度应在 25MPa 以上；浆砌片石截洪沟应相隔一定间距设置伸缩缝，伸缩缝间距为 10～25m，缝宽 0.02m，缝隙内填塞沥青麻筋，塞深 0.2m。

根据总体设计方案，部分废渣堆采用了分级放坡的治理方式，并设置了 2.0m 宽的马道，为了有组织地排除降落在废渣堆体边坡上的雨水，拟在 2.0m 宽平台上设置排水沟。

截洪沟坡降大于 5% 的采用消能跌坎设计，每步跌坎在不同坡度的地方采用不同宽度及长度，应根据实际地形进行布置。

3. 顶部防渗

根据《贵州省铜仁市云场坪螃蟹溪山上、路腊古寨地区水文地质调查报告》，治理场地上覆多为土黄、灰色黏土、亚黏土、炼矿废渣、砂砾石等冲、洪、残坡积物，属弱透水层，下伏为灰色中厚层泥晶白云岩、浅灰色中至厚层细至中晶白云岩，均属硬质岩类，属于弱透水层，若直接覆土进行生态恢复，仍然将会有大量的雨水渗入治理后的废渣堆体内，产生较多的渗滤液，强碱性渗滤液在毛细作用下上涌入客土，会破坏植物根系发育甚至杀死植物。

根据治理思路，结合《贵州铅锌矿采冶废渣污染场地原位（综合治理）修复工程指南（修订稿）》的要求，对治理后的废渣进行顶部防渗处理，以减少雨水的下渗量，进而减少渗滤液产量，同时保护植物生长。

根据治理技术路线，废渣堆治理完成后拟考虑进行生态恢复，铺设防渗膜容易被生态恢复的乔、灌木的根系穿刺，进而影响土工膜的防渗性能；螃蟹溪汞渣经长期雨水淋溶，表层汞渣中汞、砷等重金属含量较低，不容易被植物吸收富集，用黏土防渗可达到较好的防渗效果。经综合考虑，拟采用30cm黏土作为防渗材料。

4. 封场设计

工程采取原位治理的技术路线，并在废渣堆整治完成后，在废渣堆顶部铺设黏土防渗层。考虑对渣场进行生态恢复，为利于植被的生长和保护，按照《贵州省一般工业固体废物贮存、处置场污染控制标准》（DB 52/865—2013）的要求，在防渗层上铺设植被种植土层，厚约55cm，共需客土量7万多立方米。

综合顶部防渗设计、污染防控设计及封场覆土设计，确定各废渣点治理后的封场结构从上至下依次为：15cm厚营养土层、40cm厚植被种植土层和30cm压实黏土。

封场面积为1万多平方米。黏土、耕植土均需要从其他地方取用，其中，防渗黏土客土量为4万多立方米，耕植土客土量7万多立方米。由于客土量比较大，所需客土需从不同地方取用。根据碧江区云场坪镇区域的发展，在区域发展过程中将产生部分表土剥离土，工程大部分客土将源于城市建设剥离的表土；但工程建设时，区域建设产生的客土源具有不稳定性，同时选取部分客土点作为备用客土源，如从渣场北面洪水洞及西面黄婆田处选取，运输距离约为9km和7km，取用地点为斜坡地带土层，取土点植被恢复面积共计7万多平方米。

5. 生态恢复

工程生态恢复的范围包括治理后的废渣点、取土点等，以及废渣点附近受破坏的区域。

根据现场踏勘，项目治理区域绝大部分裸露的区域都是废渣堆，影响其植被恢复的主要因素是缺少植被生长的土壤基层，没有土壤，水土保持困难，植物难以存活，因此在废渣表面上进行覆土是恢复这类废渣堆植被的重要条件。对于这类废渣堆，只有通过在废渣堆表面覆土，才能进行灌木和草本植物的种植，才能最终恢复废渣堆积区域的植被，绿化环境，改善生态环境。但是，由于土壤直接覆盖在废渣堆表面，必须有能确保土壤不会沿废渣堆滑落的坡度。因此，废渣表面覆土重建植被技术主要适用于边坡坡度较小的废渣堆。对边坡坡度较大的废渣堆若采用废渣表面覆土重建植被技术，则首先需要对废渣堆进行削坡整形。

废渣点生态恢复植被选取主要根据螃蟹溪的本土物种，并结合植物对重金属汞的富集情况，考虑物种配置。根据实验研究，强富汞植物有乔木中的柏木，灌木中的六月雪、竹叶椒、中华绣线菊、火棘、铁扫帚、牛筋树，草本中的香根草、茜草、银柴胡、野菊花、白英、蕨、红花龙胆、牛膝、山冷水花、淡叶长喙藓[11]。根据对万山汞矿植物研究，从植物地上部分汞含量来看，蜈蚣草、狗尾草、香根草等植物地上部分汞含量较高，均高于 1mg/kg。土壤中汞浓度在一定范围内时，蜈蚣草可以随着土壤中汞浓度的增加而增加对汞的吸收，在一定程度上蜈蚣草具有对汞的富集作用。

由于渣场场区表面覆土为 55cm，不适宜栽种乔木，所以渣场场区采用灌木＋草种作为植被恢复措施，结合实验研究及景观价值可选择下列两种方式：

（1）灌木。选用六月雪，高度为 20～40cm，冠幅为 20～30cm；或采用一年生火棘。

（2）地被。选用狗尾草、蜈蚣草、香根草（按 1∶1∶1 混播）。

恢复废渣清运点植被要考虑与渣场采用相同植物的植被，恢复取土点生态要采用地被。

植被恢复不仅需要栽植植被，还需要对植被进行绿化管护。绿化管护工作分为重点管护和一般管护两个阶段。重点管护阶段是指栽植验收之后至 3～5 年，草地为一年之内，其管护目标应以保证成活、恢复生长为主；一般管护阶段是指重点管护之后，成活生长已经稳定后的长时间管护。主要工作是修剪，土、肥、水管理，以及病、虫、杂草防治等。在醒目地方设立警示牌，防止人为破坏，并应根据管护期的不同，进行月份检查、季度检查和年度检查。月份检查和季度检查的重点是浇水、整形修剪、扶正、踏实，以及病、虫、杂草防治等；年度检查的内容是保存率、覆盖率等。

6. 监测井及收集池

汞渣治理区地形较为狭长，高差较大，为测渣场地下水水质状况，渣场设置地下水监测井，监测井布设 4 口，其中，库区地下水流向的上游（30～50m）处设对照井 1 个，其余 3 个监测井分别位于底部、中部台面以及东部老矿区位置。

在对废渣进行整治上，防渗层的设置在很大程度上将减少降水的入渗，但并不能完全阻隔降水的入渗。此外，由于项目采用原位修复治理技术，在废渣堆与周边自然场地相接触的位置，没有采取有效的防渗措施，仍然可能会有部分降水通过此途径进入废渣堆体内，进而产生淋溶液。

根据《一般工业固体废物贮存、处置场污染控制标准》（GB 18599—2001）："封场后，渗滤液及其处理后的排放水的监测系统应继续维持正常运转，直至水质稳定为止"。方案考虑在中部、格构护坡下方以及西部挡渣墙最低处设置污水收集池，将挡渣墙泄水孔内排出渗滤液通过挡渣墙下排水沟引入收集池，收集池必须做好防渗措施，避免未经处理的渗滤液直接排出，并堆放石灰用于处理渗滤液，经处理后排出，同时考虑后期跟踪监测，防止渗滤液超标可能引起的环境问题，则挡渣墙下监测池设计断面尺寸为 3m×3m×2m。

7. 跟踪监测

为更好地检验铜仁市碧江区云坪场镇螃蟹溪历史遗留汞渣污染综合整治工程的治理效果，对整治工程进行跟踪监测。在工程开工前进行本底值监测，掌握项目实施前该区域的水环境受污染情况；在工程施工过程中进行施工期监测，了解在施工扰动过程中该区域的水环境受污染情况；在工程竣工后进行验收监测，了解经工程治理后该区域水环境受污染的减轻情况；工程竣工后进行三年的跟踪监测，主要目的是比较生态恢复前后废渣中重金属向下游地表水和地下水迁移速率的变化，以及对恢复的土壤和植物的安全性进行评价。

监测采样依据《地表水和污水监测技术规范》（HJ/T 91—2002）和《环境水质监测质量保证手册》（第二版）有关要求执行，监测污染物包括 pH、砷、汞、镉、铬、铅。

8. 维护管理

根据《一般工业固体废物贮存、处置场污染控制标准》（GB 18599—2001）及《贵州省一般工业固体废物贮存、处置场污染控制标准》（DB 52/865—2013）的要求，废渣点治理完成后管理和维护，以保证废渣治理点的长期稳定性和生态恢复效果。

（1）建立检测维护制度，定期检测维护挡墙及截洪沟等设施，发现有损坏可能或异常应及时采取有效措施，以保障废渣点的正常运行。

（2）加强对废渣点的沉降观测、渗滤液监测、收集池中水质的监测等。

（3）设置警告牌，严禁在治理后的废渣堆积点再堆积废渣；严禁破坏相关工程措施，如对封存的废渣堆进行非法盗采利用（如用于制砖等）属于违法行为，将被追究相应法律责任。

根据螃蟹溪历史遗留汞渣污染的治理方案，开展治理后的面貌如图 6.4 所示。

图 6.4　螃蟹溪历史遗留汞渣污染综合整治工程施工后

6.2.5　工程效益

1. 环境效益

项目的实施能有效地治理汞矿废渣，保障当地居民的身体健康，改善当地生活、生产的生态环境条件。将废弃地恢复为绿地，恢复生态面积十多万平方米，区域植被覆盖率得到提高，水土流失得到有效控制，同时避免了重金属进入食物链。治理工程实施后，可封存含汞废渣 200 多万立方米，400 多万吨，环境效益显著。

2. 社会和经济效益

项目通过对废渣进行原位封存治理，将废渣中的重金属污染物固定，控制其在环境中的迁移扩散，有效防治废渣对环境的持续污染，这是一项改善区域生态环境的民生工程。对废渣治理点的生态恢复，增强了生态系统的多样性和稳定性，并增加了废弃地的景观价值。此外，项目的实施需要较多的劳动力，可在短时间内解决部分当地农民工的就业问题，增加当地居民经济收入；项目的实施还需要大量的水泥、石材及土壤资源等，在一定程度上可拉动当地材料市场的发展，促进当地经济增长。

6.3　污田变宝地——食用菌产业结构调整、农旅一体

6.3.1　背景

万山区敖寨乡、碧江区瓦屋乡司前大坝和云场坪镇地处万山汞矿区，多年的汞矿开采历史对当地农田土壤造成污染。

万山汞矿区稻米总汞含量达 6.0～460μg/kg，超出国家食品卫生限量标准[12]。种植结构调整技术是污染土壤治理应用广泛的技术，因为其可通过选择合适的作物实现在污染土壤上的安全生产从而实现一定的经济产出。许多旱作作物（如土豆、玉米、萝卜、西瓜、草莓等）对汞的富集能力较弱，旱作作物可食用部分汞超标率低于水稻[13]。因此，把稻田改成旱地是一条显著降低汞暴露风险的途径。但若只是简单地将稻田改成旱地，由于许多旱作作物的经济价值低于水稻，将造成农民收益降低，因而简单地把水田改成旱地这一方案的可行性和可操作性很弱。

通过相关科研单位间相互合作，结合贵州省前几年实施的精准扶贫政策（2020年我国全面消除绝对贫困）和铜仁市汞污染土壤安全利用的环保任务，铜仁市探索出了一条既能有效降低汞暴露风险又能使农民脱贫致富的新路子。当地政府在参考其他地区精准扶贫的经验上，在万山区受汞污染的土地上发展现代农业，把水田建设成大棚，种植蔬菜、食用菌等高收益农产品，发展乡村现代农业经济，解决农民增收问题和稻田汞暴露风险问题。

6.3.2　敖寨乡"622"模式

敖寨乡的中华山村曾是远近闻名的"穷"村，"放牛好耕田、养猪盼过年、喂鸡筹柴米、奔波为油盐"是村民贫困生活的真实缩影。受地理环境、传统农耕方式等因素制约，敖寨乡以种植水稻、玉米等自给自足的传统农业作物为主，农民从土地中获取的经济利益较少，农产品附加值不高。自 2015 年初被列为万山区精准扶贫示范点以来，该乡创新发展方式，建设精准扶贫党支部，选准门槛低、见效快的食用菌、蔬菜等进行大棚种植，整合财政、扶贫等多方资金建成中华山村集体经济示范点，创造性地提出"入股分红＋村级积累＋管理报酬"的村集体经济合作社利润"622"分配模式，即将纯利润的 60%用于贫困户、20%用于村集体经济积累、20%用于合作社管理人员奖励（图 6.5）。

图 6.5　敖寨乡 "622" 模式发源地

　　通过对汞污染土壤项目土地进行有效治理，技术路径以调整种植结构为基础，将水田改成旱地，重点发展黑木耳、香菇、平菇等食用菌，并综合运用农艺调控（种植可食部分汞含量偏低的作物）＋辅助技术（钝化为主）实现农产品中总汞含量达标生产。食用菌生产不需要直接利用土壤，可减少土壤汞向食用菌的传递。通过对敖寨河流域冬季收获的食用菌采样分析，发现大部分食用菌中总汞的含量达到我国食用菌中汞含量的限值标准（0.1mg/kg），仅有小部分食用菌中总汞的含量超出我国食用菌中汞含量的限值（图 6.6），基本能够实现安全利用。

　　2017 年，敖寨乡大棚蔬菜和食用菌开始大规模种植（图 6.7），目前已修复形成 1000 多亩可安全利用的农场坝区。当基地进行规模化生产经营时，原冲毁田土 "宿主" 自然生成基地 "地主"，年底获取租金收益。坝区创新推行精准扶贫 "622" 利益分配机制，让贫困群众成为精准扶贫项目的参与者、建设者和管理者，从中获得股金、薪金、租金，项目带动当地 800 多户共计 8000 余名贫困群众脱贫致富。

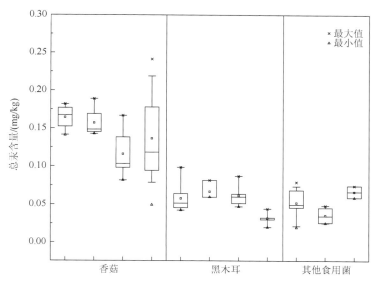

图 6.6　万山区敖寨乡食用菌总汞含量分布图

图 6.7　万山区敖寨乡大棚蔬菜和食用菌种植产业

目前，敖寨乡共发展食用菌企业 4 家，专业合作 6 家，建成食用菌示范产业园 1000 多亩，规范化生产大棚 60 个，共 2 万多平方米，简易大棚 200 多个，5 万多平方米，发展黑木耳、香菇、平菇等食用菌 2000 万棒，年销售收入达 7000 多万元，利润 3000 多万元，实现直接就业 300 余人，带动间接就业 1000 多人。

6.3.3 农旅一体化

农旅一体化是乡村旅游和休闲农业发展的新模式，是实现产业融合的新手段。在充分尊重农业产业功能的基础上，合理开发利用农业旅游资源和土地资源，以所开发的农业旅游休闲项目、农业配套商业项目、农业旅游地产项目等为核心功能架构，构建整体服务品质较高的农业旅游休闲聚集区。休闲农业和乡村旅游是农业旅游文化"三位一体"，生产、生活、生态同步改善，农村一产、二产、三产深度融合的新产业、新业态和新模式[14]。农旅一体化是贯穿农村一、二、三产业，融合生产、生活和生态功能，紧密联结农业、农产品加工业、服务业的新型农业产业形态和新型消费业态。随着国民经济的发展、居民收入的提高，城乡居民对休闲消费需求高涨，休闲农业已进入快速发展的新阶段[14]。

铜仁市在贵州省率先提出"园区景区化、农旅一体化"理念，着力推进农旅融合，创新旅游业态。同时，在全省率先制定了农业园区景区化建设标准体系，建立了旅游与农业融合发展的体制机制，开创了旅游和农业融合发展模式[15]。

1. 司前大坝

瓦屋乡位于铜仁市碧江区东南部，距市区 39km，是铜仁市第一大坝，具有天然的地理优势。司前大坝是历史时期形成的"冲积平原"，土地肥沃，适宜稻谷和油菜生长。但上游长期的汞矿开采导致司前大坝区域农作物受到汞污染，该地区的油菜籽、稻谷精米超标检出率均达 10%，稻米糙米超标检出率为 33%[16]，对当地居民造成健康风险。

结合司前大坝种植油菜的传统农业历史，铜仁市碧江区政府把司前大坝打造成油菜花旅游文化基地，列为铜仁市市级农旅一体化示范点。将司前大坝打造为全省农旅一体化现场观摩点（图 6.8）。分别在瓦屋乡司前大坝、克兰寨村等地冬闲农田设立基地，科学规划冬种油菜共 5000 多亩，发展现代旅游观光农业，并且结合当地人文特色，修建瓦屋防洪堤及人行观光步道、彩砂路、旅游环山公路、葡萄长廊等旅游配套设施；完成克兰寨传统村落修缮保护及环境综合治理、瓦屋河河道治理、刘氏宗祠（乡愁馆）修缮、司前大坝周围山体绿化美化及沿河绿化亮化等工程；举行油菜花旅游文化节，在传统农业基础上增加旅游收益。铜仁市碧江区政府正着力把司前大坝油菜花、侗族民族文化、传统村落、山地旅游等资源整合打造成乡村旅游品牌，发展旅游经济。近年来，瓦屋乡着力以创新文化、旅游、产品三张名片，打造西南地区最大的农业公园、铜仁怀化城市后花园、湘黔边贸重镇。实施"乡村旅游＋精准扶贫"模式，促进了当地村民增收致富[17]。

图 6.8　司前大坝

2. 路腊村

碧江区云场坪镇路腊村位于云场坪镇东南部湘黔两省交汇处，距铜仁市区15km。铜仁汞矿云场坪镇矿区位于路腊村。由于早期汞矿开采没有对其产生废渣采取任何稳定固定化措施，矿渣被直接堆砌在路腊村居民点上游 200m 左右。虽然国土部门已经采用简易客土法进行了处理，但矿渣中的汞仍然可能通过地表径流或降水的方式污染当地饮用水源；且矿渣中的汞大部分以单质态的形式存在，可能通过多种途径对矿区周围土壤造成二次污染。调查发现，云场坪镇矿区周边的农田土壤、居民生产生活使用的井水以及农作物等都已经受到不同程度的汞污染，矿渣堆中的汞污染物通过水作用、大气作用等正在不断迁移到土壤中，又从土壤中迁移至农作物中，并最终进入人体，危害人体健康。对此，为降低路腊村居民汞暴露风险，当地政府积极治理汞矿渣。封填当地矿渣坑，新建挡渣墙、排水沟等设施，保护下游居民安全。治理当地矿渣虽然能改善土壤污染现状，却不能改变当地居民贫穷的事实。因此，发展乡村旅游业可能成为促进当地经济发展的一项重要举措。

　　路腊村是云场坪镇集历史文化、民俗文化、汞文化等人文景观与喀斯特地形地貌等自然景观相融合的古村寨，有良好的旅游资源。现村落中保存完好的众多古建筑，三座占地面积 2000 多平方米的"豪宅"坐落在村中，仍保有晚清特色整幢建筑布局，错落有致，把建筑、绘画、雕刻和诗文等多种艺术融为一体。村中有千年古井一口，用当地产的上等朱砂塑字"冰清玉壶"于井正面。同时路腊村周围遗留有古烽台、古战场、南长城西起源点等建筑。1949 年后，大硐喇监狱坐落于此。该地还保留有"文革"时期苏联专家楼、监狱、劳改农场等遗址。路腊村是《全国休闲农业发展"十二五"规划》提及的典型少数民族地区[18]，具有发展休闲农业的独特基础。路腊村应依托丰富的特色民风、民俗资源大力发展休闲农业，促进民族传统文化保护、传承与弘扬。因此，当地镇党委、政府将路腊村定位为"乡村旅游观光自然村"，并结合观光农业和高标准农田建设，着力打造休闲观光旅游产业。

　　目前，路腊村已经修建生态停车场、文化长廊、环山休闲游步道、巷道石板等设施，形成路腊樱桃、莲藕、紫薇农旅一体化园区。依托野樱花资源，路腊村建成万亩樱花、万亩紫薇、万亩火棘和千亩荷花、十万亩花海景观园，实现了春赏樱花、夏品荷叶、秋看紫薇、冬观火棘的"四季花园"乡村旅游。路腊村每年都举办樱花节、荷花节，吸引了众多省内外游客前来观赏[17]，极大拉动了当地的经济发展（图 6.9）。

图 6.9　路腊村荷花园

3. 高楼坪乡

高楼坪乡位于万山汞矿区的南部，乡政府驻地距区政府 6km。万山区常年主风向为东北风,而高楼坪乡位于万山区的西南方。因此,在万山汞矿的开采冶炼过程中,烟尘废气随风向高楼坪乡迁移沉降并进入土壤之中,从而导致土壤重金属污染。胡国成等[19]对万山汞矿区周边土壤中汞、镉和铬等重金属含量进行了检测,结果显示,高楼坪乡土壤存在不同程度的汞、镉和铬污染。因此,实现高楼坪乡 1 万多亩耕地安全利用仍然是一个挑战。

在这样的背景下,高楼坪乡结合当地实际采用"农旅一体化"模式。万山区政府引入农业龙头企业,企业带来现代农业种植技术和资金。按照"农业园区化,园区景区化,农旅一体化"思路,建成集设施农业、旅游观光、休闲养老为一体的九丰山地高效农业(简称九丰农业)综合体,发展"农旅一体化"现代农业。以现代农业为中心,建立农业示范园,对园区进行统一规划和建设,建立集农庄、民宿、农业景观、生活体验、农产品展销于一体的综合性园区,实现农业和旅游的双规模经济效益。

农业公司在过去几年中蓬勃发展,同时通过技术输出等措施带动万山区现代农业发展。九丰农业博览园是铜仁市重点发展的"农旅文"一体化景区,目前已形成了以特色农产品种植、农产品加工及休闲服务设施为主的一、二、三产业链条式发展模式,建成了现代农业大观园、集约化智能育苗大棚、海洋科普馆、花卉科普馆、采摘体验大棚[20](图 6.10)。

图 6.10　九丰农业育苗基地培育好的西红柿苗(图片来源:万山区融媒体中心)

高楼坪乡按照全区"农业惠民、旅游兴业"的发展思路,探索农旅融合新路子,以九丰农业示范带动,逐渐形成"农旅文"一体化发展新模式。通过推行"龙头企业＋合作社＋农户"产业扶贫模式,深入推进"三变"改革,持续深化农村产业结构调整。万山区政府通过近几年的实践,探索出了一条把农业供给侧结构性改革和产业扶贫深度结合的新路,把万山区由"千年丹都"变身为"武陵菜都",实现了资源枯竭型城市的产业转型,实现了万山区人民增加就业、增加收入的目标。目前,九丰农业标准化蔬菜大棚基地已建成 3000 亩标准化连栋大棚,大棚种植的品种以黄瓜、番茄、丝瓜、芹菜等优质蔬菜为主,总年产量可达 20 余万吨,带动 800 多户农户建档立卡,贫困户实现户均分红 2000 余元,实现了"将荒山变为宝地、把农民变成股民"的涅槃式发展[21]。

6.3.4　工程效益

1. 环境效益

通过对万山区敖寨乡和碧江区瓦屋乡司前大坝及云场坪镇汞污染土壤地区实施产业结构调整和"农旅一体化"工程,实现了对重金属汞污染土壤的有效治理,改善了当地的生态环境,塑造了良好的乡村风貌。

2. 经济效益

项目通过调整产业结构(包括种植低积累和高经济价值的作物)和发展乡村旅游促进了当地经济发展,增加了居民经济收入,并带动周边地区经济发展,通过为农村经济提供新的收入来源,改变了以农业生产为主的经济发展途径,促进了农村经济增长的多元化。

3. 社会效益

调整产业结构、发展乡村旅游不仅为当地群众带来了大量的就业机会,带动当地经济发展,同时也为周边其他行业的发展提供了更大的机会市场。随着乡村旅游规模的不断扩大,乡村旅游接待对娱、食、住、行的需求也不断扩大,从而延长了旅游产业链,扩大了旅游产业面,形成了旅游产业群,对其他行业的带动作用尤为明显。

完善基础设施建设。在开展乡村旅游之前,很多地方的基础设施都比较差,交通不便,景观杂乱,借着发展乡村旅游的契机,当地基础设施得到了很大的完善。

提升精神文明建设。乡村旅游发展的同时,村民的村规民约也在发展,村民素质得到自然而然的提高。

6.4　风险变安全——汞污染土壤安全利用示范工程

6.4.1　背景

汞矿区往往会有较高的大气汞沉降通量，且新沉降到地表的汞能够向大气进行二次释放和再沉降，极易对新修复土壤造成二次污染。因此，汞矿区的土壤汞污染治理修复一度被认为是世界性难题。铜仁市不仅是历史上汞工业最活跃的地方，也是当前全国涉汞资源产业规模最大的集散地。由于特殊的地质背景，铜仁市汞矿资源开采利用历史悠久，涉汞行业、企业集中，生产活动强度大。长期大量的汞矿开采和冶炼活动导致的环境汞污染问题较为严重，对当地居民人体健康和流域生态环境造成了影响。21 世纪初，铜仁市汞矿资源枯竭，大规模汞矿停产闭坑，但历史开采所造成的矿区汞污染，使铜仁市汞矿区周边地带成为重金属环境治理关注的焦点。

为积极响应土壤污染综合防治的国家战略和地方需求，选择铜仁市碧江区瓦屋乡司前大坝和万山区敖寨河、下溪河流域汞污染农田作为土壤安全利用与修复治理示范工程实施区域，开展符合铜仁市土壤汞污染特征的示范研究。

6.4.2　示范工程概况

1. 示范项目的代表性

项目分为两个标段：第一标段为中、低度农田土壤汞污染安全利用与修复治理，第二标段为中、重度农田土壤汞污染安全利用与修复治理。从农业耕作制度和土壤安全利用角度来看，项目第一标段所采用的技术方案可视为适用于传统的"水-旱轮作"制度的代表，第二标段所采用的技术方案可视为适用于"种植结构调整"的代表。

2. 示范项目的位置和农田地块分布

根据铜仁市万山区和碧江区农田土壤汞的污染水平、土地利用方式和农业产业发展情况，选择以下农田地块作为汞污染农田土壤安全利用与修复治理工程的目标农田地块（图 6.11）。

1）第一标段农田位置和地块分布

第一标段农田位置为铜仁市碧江区瓦屋乡司前大坝瓦屋河右岸堤坝至龙弄组村道—龙弄组至陈家寨村道—陈家寨至瓦屋河右岸堤坝村道—瓦屋河右岸堤坝所

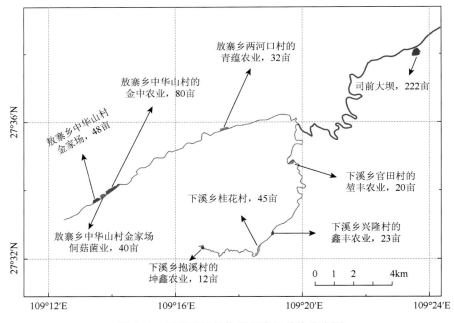

图 6.11 示范项目的位置和农田地块分布图

连成的近梯形区域内连片农田。田块分布为农民权属自然边界不规则地块，总面积为 222 亩。

2）第二标段农田位置和地块分布

第二标段农田位置为铜仁市万山区敖寨乡敖寨河流域沿岸农田和下溪乡下溪河流域沿岸农田。田块分布包括了万山区三种农田利用类型，分别为蔬菜大棚、食用菌种植基地、未经改造的原有水田。其中，蔬菜大棚有：①敖寨乡中华山村的金中农业蔬菜大棚，80 亩（未包含金中农业的全部蔬菜大棚）；②敖寨乡两河口村的青蕴农业蔬菜大棚，32 亩；③下溪乡抱溪村的坤鑫农业蔬菜大棚，12 亩；④下溪乡桂花村的蔬菜大棚（暂未命名），45 亩；⑤下溪乡兴隆村的鑫丰农业蔬菜大棚，23 亩；⑥下溪乡官田村的堃丰农业蔬菜大棚，20 亩（未包含堃丰农业的全部蔬菜大棚）。食用菌种植基地为敖寨乡中华山村侗菇菌业食用菌种植基地，40 亩。未经改造的原有水田位于敖寨乡中华山村金家场，48 亩。总计敖寨乡敖寨河流域沿岸农田 200 亩，下溪乡下溪河流域沿岸农田 100 亩。

6.4.3 示范项目建设的技术方案

根据划定农用地土壤环境质量类别，将农用地划分为优先保护类、安全利用类和严格管控类，实施农用地分类管理的思路。结合《土壤环境质量 农用地土壤污染风险管控标准（试行）》（GB 15618—2018）中规定的筛选值和管制值制定示范项目的技术方案。

　　农用地土壤中污染物含量等于或者低于风险筛选值的，对农产品质量安全、农作物生长或土壤生态环境的风险低，一般情况下可以忽略。对此类农用地，应切实加大保护力度。农用地土壤中污染物含量超过风险管制值的，食用农产品不符合质量安全标准等农用地土壤污染风险高，且难以通过安全利用措施降低食用农产品不符合质量安全标准等农用地土壤污染风险。对此类农用地，原则上应当采取修复治理、禁止种植食用农产品、退耕还林等严格管控措施。农用地土壤污染物含量介于筛选值和管制值之间的，可能存在食用农产品不符合质量安全标准等风险。对此类农用地原则上应当采取农艺调控、替代种植等安全利用措施，降低农产品超标风险。

　　1. 司前大坝汞污染土壤安全利用与修复治理技术路线

　　司前大坝属于万山汞矿区影响的周边区域。

　　根据铜仁市碧江区司前大坝土壤-作物总汞含量情况、农作物种植模式和旅游产业规划与发展状况，本项目第一标段碧江区司前大坝汞污染农田土壤安全利用与修复治理示范项目建设技术方案如图 6.12 所示。保留传统的水-旱轮作（水稻-油菜）种植制度，利用司前大坝天然的地理优势，在油菜种植的基础上打造油菜

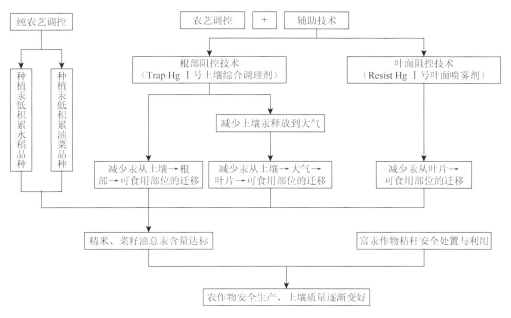

图 6.12　司前大坝示范项目建设技术方案图

花旅游文化节，获得旅游收益；油菜花旅游文化节后，收获油菜籽，油菜籽用于榨油（菜籽油不富集汞，汞含量能够达到国家食品安全标准），获得二次收益。油菜收获后进行水稻种植，此时需要重点对水稻进行风险管控措施，实现稻米的达标生产。

司前大坝汞污染农田土壤安全利用与修复治理示范项目建设技术方案中实施"农艺调控＋辅助技术"，农艺调控模块采用种植汞低积累油菜品种及水稻品种。辅助技术模块中，同步采用根部阻控技术和叶面阻控技术。根部阻控技术，施用针对汞钝化的土壤综合调理剂 Trap Hg Ⅰ号，它根据田块尺度的土壤理化参数和汞、镉等污染物含量的指标，由改性生物质炭、泥炭、黏土矿物、硅、硒、磷、铁等成分定量化配比，该技术能有效降低土壤中汞的有效性和甲基汞的净生成量，减少汞（含甲基汞）通过作物根部吸收进入作物植株和果实内；同时也能有效减少土壤中各形态汞转化成 Hg^0（Hg^0 会从土壤中挥发到大气中），减少汞通过土壤挥发到大气中，从而降低大气中汞被叶片吸收进入作物植株和果实内的可能性。叶面阻控技术，在水稻生长的关键时期喷施叶面阻控剂 Resist Hg Ⅰ号叶面喷雾剂（硅、硒、低分子蛋白复合剂），通过同步实施根部阻控技术和叶面阻控技术可实现稻米低汞低镉富硒，达到稻米安全生产并提高品质的双重效果。

从整个作物植株角度来看，作物从土壤和大气中吸收的汞有 80%～90% 累积在作物秸秆中（茎、叶、稻壳、米麸、油菜荚等）。从土壤修复的长期目标来看，把污染物从土壤中移除出来是终极目标。另外，富汞作物秸秆若不进行有效处理，重新返回到农田中，则作物秸秆中的汞大部分会以活性汞的形式进入土壤中，加剧土壤汞的污染程度。因此，对富汞作物秸秆进行安全处置与利用是铜仁市汞污染农田土壤修复的一个关键环节。

本书对富汞作物秸秆安全处置与利用的方式为：把富汞作物秸秆制成生物炭，在生物炭的制作过程中，采用加热方法把秸秆中的汞去除，从而生产出无汞/低汞生物炭。生物炭制作过程中产生的烟气中的汞通过吸附等方法被清除，从而使秸秆的汞不会再次进入环境中。制成的生物炭可作为土壤综合调理剂的原材料，这样可实现农作物废物的再利用。

综上，在农业生产过程中，综合利用农艺调控技术和根部阻控技术、叶面阻控技术实现农作物食用部位汞含量达标并提高农产品品质，作物收获后对富汞作物废料进行回收利用，通过作物提取的手段逐渐减少土壤中的汞含量，实现作物安全生产和土壤质量逐渐变好的目标。在农田修复过程中可以实现边修复边生产、提质增效的多重效果。

2. 敖寨河、下溪河流域汞污染土壤安全利用与修复治理技术路线

敖寨河和下溪河上游为万山汞矿的矿坑和矿渣库，属于万山汞矿直接影响区域，也是万山区四条流域中汞污染最为严重的两条流域。

由于万山区土壤受到了汞的污染，其种植的大棚蔬菜和食用菌很可能存在汞含量超标的风险，而前期的调查数据也显示部分大棚蔬菜的汞含量超标。为了更有力地支撑万山区的社会和经济发展，防止已经发展起来的农业产业遭受毁灭性打击，确保万山区种植的食用菌和蔬菜汞含量达标是迫在眉睫的环保任务，敖寨河、下溪河流域汞污染农田土壤的安全利用与修复治理建设工程着重面向食用菌种植产业和大棚蔬菜种植产业，围绕这两个主要产业的健康发展提供汞污染控制与治理技术。

根据万山区敖寨河、下溪河流域农业产业的规划与实际现状，项目第二标段敖寨河、下溪河流域汞污染农田土壤安全利用与修复治理示范项目建设采用的技术方案如图 6.13 所示。就种植制度而言，把水田改成旱地，种植食用菌和大棚蔬菜，可获得比传统的水稻-油菜种植和玉米-油菜种植更高的经济收益。

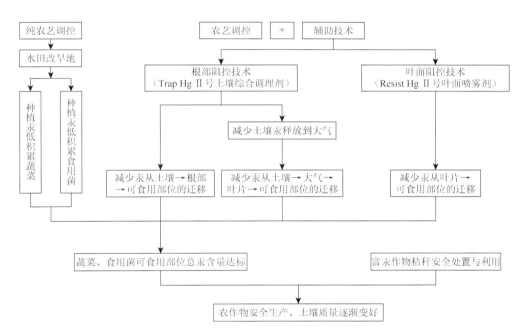

图 6.13　敖寨河、下溪河流域示范项目建设技术方案图

敖寨河、下溪河流域汞污染农田土壤安全利用与修复治理示范项目建设技术方案采用"农艺调控＋辅助技术"，农艺调控模块采用水田改旱地，种植低汞富集的食用菌和可食部位低汞富集的蔬菜品种。辅助技术模块中，同步采用根部阻控技术和叶面阻控技术。针对根部阻控技术，施用针对旱地土壤汞钝化的土壤综合调理剂 Trap Hg Ⅱ号，它根据田块尺度的土壤理化参数和汞、镉等污染物含量，由改性的生物质炭、泥炭、黏土矿物、硅、硒、磷、铁等成分定量化配比，能有

效降低土壤中汞的有效性，减少汞通过作物根部吸收进入作物植株内；同时也能有效减少土壤中的各形态汞转化成 Hg^0（Hg^0 会从土壤中挥发到大气中），减少汞通过土壤挥发到大气，从而降低大气中汞被叶片（菌体）吸收进入作物植株（食用菌）内的可能性。就叶面阻控技术而言，在蔬菜生长的关键时期喷施叶面阻控剂 Resist HgⅡ号叶面喷雾剂（硅、硒、低分子蛋白复合剂）。通过同步实施根部阻控技术和叶面阻控技术实现食用菌和蔬菜低汞低镉富硒，达到食用菌和蔬菜安全生产并提高品质的双重效果。

与司前大坝汞污染农田土壤安全利用与修复治理示范项目建设的技术方案类似，对大棚蔬菜种植产生的作物秸秆进行安全处置与利用，其处置与利用方式参照司前大坝示范项目。

综上，敖寨河、下溪河流域汞污染农田土壤安全利用与修复治理示范项目建设的技术方案是在已有农业产业结构调整的基础上，进一步种植可食部位低汞富集的蔬菜和食用菌，同时采取"根部、叶面阻控技术"实现蔬菜和食用菌汞含量达标并提高农产品品质，作物收获后对富汞作物废料进行回收利用，通过作物提取的手段逐渐减少土壤中的汞含量，实现作物安全生产和土壤质量逐渐变好的目标，且在农田修复过程中实现边修复边生产、提质增效的多重效果。

6.4.4　示范项目建设的组织实施

1. 农田使用方式与农民协作方式

1）项目第一标段

农田使用方式：农民仍以原种植者的身份继续耕种土地，进行油菜-水稻轮作，负责油菜、水稻生长期间的田间管理工作，作物产出归农民所有。

农民协作：农民种植施工方指定的水稻和油菜种子；在施工方完成相关土壤修复材料施工后再进行油菜和水稻的移栽工作；在施工方完成油菜和水稻的采样工作后再进行油菜和水稻的收割工作；允许施工方在油菜和水稻生长期间开展相关采样与监测工作，并提供用电接入协助。

农民协作补偿：农民按照施工方要求进行油菜和水稻种植，并进行相应的田间管理，达到正常收成，视为农民合格地配合了施工方的工作，给予协作奖励。

2）项目第二标段

农田使用方式：原经营者经营大棚蔬菜种植基地和食用菌种植基地，并进行相应的田间管理，农作物产出归原经营者所有；施工方租赁敖寨乡中华山村金家场48亩常规农田，并进行植物修复技术治理，施工方负责修复植物的种植、管理、收割与后续处理等工作。

大棚蔬菜经营者和食用菌种植经营者协作：施工方科技支撑单位人员和技术人员与大棚蔬菜经营者和食用菌种植经营者进行沟通、交流，大棚蔬菜经营者和食用菌种植经营者按照施工方科技支撑单位人员和技术人员的指示进行相应蔬菜瓜果和食用菌的种植生产；在施工方完成相关土壤修复材料施工后再进行蔬菜瓜果和食用菌的移栽工作；在施工方完成农作物的采样工作后再进行农作物的收获工作；允许施工方在农作物生长期间开展相关采样与监测工作，并提供相应的用电接入协助。

大棚蔬菜经营者和食用菌种植经营者协作补偿：大棚蔬菜经营者和食用菌种植经营者按照施工方要求进行大棚蔬菜瓜果的种植和食用菌的种植，并进行相应的田间管理，达到正常收成后可视为大棚蔬菜经营者和食用菌种植经营者合格地配合了施工方的工作，给予协作奖励。

2. 土壤详查布点方法和采样精度

参照《土壤环境监测技术规范》（HJ/T 166—2004）、《农用地土壤污染状况详查点位布设技术规定》的要求和结合当地实际情况确定土壤详查布点和采样精度。

3. 农作物采样布点方法和采样精度

农作物的采样分为两类：第一类属于农产品（农作物可食部位）详查，农作物可食部位的采样站位和精度与土壤详查的采样站位和精度一致；第二类属于实验研究所需的农作物数据，根据实验目的确定采样精度、采样站位和样品部位，其采样精度远低于详查的布点精度。

4. 土壤和植物样品分析指标与测试方法

1）重金属测试方法

除汞和硒外，采用《土壤和沉积物　金属元素总量的消解　微波消解法》（HJ 832—2017）、《农田土壤环境质量监测技术规范》（NY/T 395—2012）等对采集植物和土壤样品中的重金属镉、砷、铅、铬、铜、镍、锌、锰进行全量分析。

根据样品总汞的含量高低选用不同的方法和仪器对土壤和植物样品的总汞进行分析，中低含量的样品采用燃烧法直接测试。高含量的样品用 F732 型冷原子荧光测汞仪测试。土壤甲基汞的分析采用气相色谱-冷原子荧光光谱法，稻米甲基汞含量采用碱消解-气相色谱分离-冷原子荧光法测定。

土壤和植物样品总硒的测定采用氢化物发生-原子荧光光度法测定。

2）土壤 pH、粒径、有机碳测试方法

采用上海雷磁 PHS-3C 型便携式 pH 计测定土壤 pH；用 Malvern 2000 型激光粒度分析仪对样品粒径进行测定；用元素分析仪测定土壤总有机碳。

5. 大气气态汞监测

采用目前全球广泛使用的加拿大 Tekran 公司生产的大气气态总汞分析仪（型号 Tekran Model 2537X）对大气气态汞进行采集和分析。

6. 地-气汞交换通量监测

采用国际上应用较为广泛的动力学通量箱法对地-气界面汞交换通量进行测定。

7. 灌溉水总汞监测

对示范项目工程区所用的农业灌溉水进行 1 次/月频率的采样监测，监测项目为水体的总汞和溶解态汞。第一标段灌溉水样的采样期为水稻生长期，即 4～10 月，共 7 个月；第二标段由于全年均种植蔬菜，故灌溉水样的采样期为 1～12 月，共 12 个月。水样中溶解态汞和总汞的浓度分析严格按照美国环境保护署（US EPA）颁布的 Method 1631 进行检测。

8. 土壤综合调理剂施工

土壤综合调理剂 Trap Hg Ⅰ 号和 Trap Hg Ⅱ 号各组分的配比和施用量需要根据土壤详查中各地块总汞、总硒、总镉、pH 等参数进行测土配方。根据测土数据，确定每块地块的土壤综合调理剂各组分配比和施用量，对地块进行编号标识，对应的土壤综合调理剂在工厂完成生产、复配、装袋和标识工作，然后运输至相应地块（土壤综合调理剂的用量为每亩 2～3t）。土壤综合调理剂运送到田块以后，进行人工播撒，并用木耙、锄头等农具把土壤综合调理剂均匀地铺撒在田地间，然后用农用旋耕机进行犁田（旋耕机旋耕三遍），使土壤综合调理剂与耕作层土壤充分混合，完成土壤综合调理剂的施工程序。土壤综合调理剂施工完三天后即可进行农作物的种植。

9. 叶面阻隔剂施工

把叶面阻控喷雾剂 Resist Hg Ⅰ 号和 Resist Hg Ⅱ 号叶面喷雾剂按照 1：500 的比例兑水稀释，用农药喷雾机对作物叶面进行喷洒。喷洒时间依据作物不同而不同，总体规律为作物苗壮期后、开花期前进行第一次喷洒，然后根据不同作物进行后续的第二次、第三次喷洒。其中，水稻第一次喷洒时间为 8 月初，第一次喷洒一周后进行第二次喷洒，共进行两次喷洒。Resist Hg Ⅰ 号施用量为 2 瓶/（亩·次·季），Resist Hg Ⅱ 号的施用量为 1 瓶/（亩·次·季），萝卜、白菜、土豆、蒜苗等一次性收获的蔬菜，在收获前 1 个月喷洒一次；西红柿、茄子、黄瓜、豇豆等多次收获的蔬菜，在开花初期进行第 1 次喷洒，每隔 2 周喷洒一次直至收获期结束。

10. 农作物种植

第一标段示范工程建设区域——司前大坝的农作物种植为水稻种植和油菜种植，水稻的种植季节一般为 3 月至 9～10 月，油菜的种植季节为 10 月至次年的 5 月。

3 月开始水稻育秧，秧苗期注意防冻、防虫害；5 月油菜收割后紧接着进入水稻插秧期。插秧前施入底肥，插秧后 2 周进行追肥。在水稻开花前（6～8 月），适时察看水稻长势和患病情况，一般需要依情况喷洒 3～5 次农药，主要防止稻飞虱、卷叶螟、稻瘟病等。在水稻生长期间需要适时灌溉，保证田间水量以防水稻被旱死。水稻灌浆完成后（谷粒已饱满）开始放水晒田，直至收割（9～10 月）。9～10 月水稻收割完后，进入油菜种植季节。

第二标段示范工程建设区域——敖寨乡和下溪乡的农作物种植比较多样化，包括食用菌种植和大棚蔬菜种植，属于密集型种植方式。工程实施对象为大棚蔬菜和食用菌种植的实体经营者。示范工程的农作物种植由这些原有农业经营方主导并完成，项目建设实施者进行协调并在农作物换季期间进行土壤修复技术的施工。

11. 可食部位低汞积累-高经济收益作物清单

本示范项目工程很重要且关键的一项工作是"农艺调控技术的应用"，而农艺调控的核心工作是替代种植，替代种植可食部位低汞积累-高经济收益的蔬菜和食用菌。该项目的科技支撑单位中国科学院地球化学研究所在前期工作中已经获得了重要的可食部位低汞积累作物清单，但仍有一些工作需要细化和深化，包括各种作物的市场经济收益数据、大棚种植与正常露天种植的差异性等。因此，还需要专门针对温室大棚种植环境，测评不同蔬菜及相同蔬菜不同品种可食部位对汞的富集与积累能力，获得温室大棚种植中各品种蔬菜可食部位对汞富集能力的清单，同时收集各种蔬菜的生产成本、产量、市场价格等市场收益指标信息清单，并结合蔬菜的汞富集能力清单和市场收益清单，平衡两者，最终得出可食部位低汞积累-高经济收益作物清单。适合铜仁市种植的低汞积累的潜在正面蔬菜清单见表 6.5。

表 6.5　潜在正面蔬菜清单

序号	蔬菜种类	蔬菜分类
1	丝瓜	葫芦目葫芦科
2	黄瓜	葫芦目葫芦科
3	香瓜	葫芦目葫芦科

续表

序号	蔬菜种类	蔬菜分类
4	南瓜	葫芦目葫芦科
5	西葫芦	葫芦目葫芦科
6	佛手瓜	葫芦目葫芦科
7	冬瓜	葫芦目葫芦科
8	苦瓜	葫芦目葫芦科
9	西瓜	葫芦目葫芦科
10	番茄	管状花目茄科
11	茄子	管状花目茄科
12	豇豆	蔷薇目豆科
13	赤豆	蔷薇目豆科
14	绿豆	蔷薇目豆科
15	菜豆	蔷薇目豆科
16	扁豆	蔷薇目豆科
17	豌豆	蔷薇目豆科
18	萝卜	罂粟目十字花科
19	胡萝卜	伞形目伞形科
20	番薯	管状花目旋花科

12. 作物秸秆安全处置与资源化利用

综合考虑当前国内外作物秸秆的处置方式及汞污染的特性，采用把富汞作物秸秆制成生物炭，并在生物炭制作加热过程中去除秸秆中汞的技术方案，实现生物炭生产和汞清除的双重目标。生物炭制作过程中产生的烟气通过吸附等方法除去其中的汞，从而避免秸秆中的汞再次进入环境。制成的生物炭可作为土壤综合调理剂的原材料，实现农作物废物的再利用。

13. 公众宣传与教育

汞是一种全球性污染物，低剂量汞暴露对环境和人体具有毒害作用，需要通过多种宣传媒体（如动画视频、文章、人物专访、工程宣传等）加强对公众的宣传与教育，科学认识汞污染对人体，尤其是对敏感人群孕妇和儿童的危害。宣传国家保护环境与治理环境的政策方针与行动效果，让公众更加自主地参与到环保工作中来，保护好绿水青山。在宣传中应注意客观与全面，避免过大宣传汞的危害，引起"谈汞色变"的恐慌局面，尤其对于铜仁市当地居民，需要加强宣传减少汞暴露途径的科学方式。

6.4.5　示范工程的初步成效

1. 司前大坝低汞积累作物总汞含量达标

按照技术方案的设计，示范工程实施地司前大坝冬季种植前期实验筛选出来具有低汞积累能力的油菜品种。对司前大坝第一季油菜籽总汞含量和油菜籽油总汞含量（图 6.14）检测表明，司前大坝冬季种植低汞积累的油菜品种可以实现农产品的安全利用。

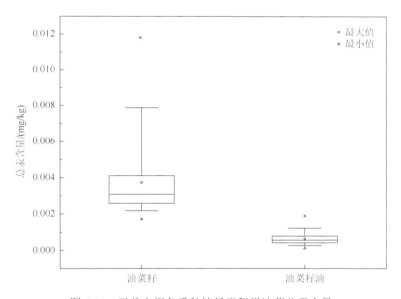

图 6.14　司前大坝冬季种植低汞积累油菜总汞含量

2. 敖寨河、下溪河流域水改旱设施低汞积累作物总汞含量达标

按照技术方案的设计，示范工程实施地敖寨河和下溪河流域沿河两岸农田开展水改旱-发展设施农业的种植结构调整。结合当地气候条件、劳动力水平与市场行情等，敖寨河、下溪河流域沿河两岸农田水改旱后，设施农业生产中优先种植汞低积累农作物，如黄瓜、丝瓜、西红柿、萝卜等。此外，除了大棚蔬菜种植外，还有食用菌种植产业。根据前期的研究成果，技术方案中推荐种植汞积累能力较低的木耳、灰树花、平菇等食用菌，不建议种植汞积累能力较强的香菇等食用菌。

对敖寨河和下溪河流域沿河两岸农田设施农业大棚中种植的汞低积累农作物黄瓜、丝瓜、西红柿等作物的可食部位进行采样监测，结果表明，绝大部分设施农业大棚中种植的这些低汞积累蔬菜的可食部位样品中总汞的含量均能达到国家《食品安全国家标准 食品中污染物限量》（GB 2762—2017）中规定的限值（0.01mg/kg，鲜重）（图6.15），且黄瓜和丝瓜均表现出皮显著高于肉的特征。对敖寨侗菇菌业的采样分析结果表明，春木耳、冬木耳和平菇中总汞含量均未超过《食品安全国家标准 食品中污染物限量》（GB 2762—2017）中规定的食用菌中总汞的含量限定值（0.1mg/kg，鲜重），可实现农产品安全利用。

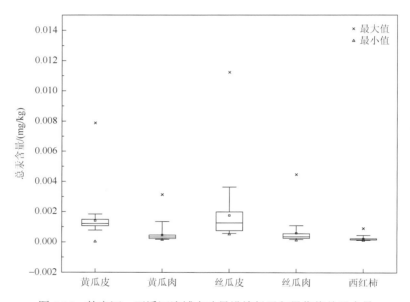

图6.15 敖寨河、下溪河流域水改旱设施低汞积累作物总汞含量

6.4.6 工程效益

1. 环境效益

项目的实施有效改善了区域土壤环境质量，实现了土壤资源的可持续利用，并提高了示范区农作物质量安全水平，同时对降低人体汞暴露风险有重要的意义。项目采用"农艺调控＋辅助技术（汞钝化剂施用等）"修复方法对示范区土壤进行修复，实现了种植生产汞含量达标的农作物的目的。通过筛选可食用部分汞富集能力较弱，但生长和产量不受影响的农作物种类或品种，实现了农田汞污染的治理目标，从而降低了汞进入食物链的风险。该项目在示范区施加钝化剂，能够降

低土壤的释汞通量，降低大气环境中的汞含量，最终降低叶片类农作物从大气中吸收的汞含量。项目的实施将全面改善示范区的作物生产环境，将作物汞含量控制在安全范围内，保障农作物的食用安全，实现既降低人体汞暴露的健康风险又保障经济收益的双赢目标。

2. 社会效益

在现有治理技术及治理效果仍存在较大不确定性的背景下，该项目以在轻、中度污染地块选择农业种植结构调整作为主要的技术手段，在重度污染区域选择农业种植结构调整结合其他辅助技术的技术手段进行试点工作，率先探索土壤污染治理的新模式。项目的实施探索和掌握了适合铜仁市的重金属污染土壤的安全利用方式，而且该项目在示范区获得的成功防治理念、修复技术路线等将为铜仁市乃至全国更大区域土壤重金属污染防治提供有效的参考。

3. 经济效益

根据万山区污染特点，结合其他地区治理修复的经验，在万山区受汞污染的土地上发展现代农业，把水田建设成大棚，种植蔬菜、食用菌等高收益农产品，不仅促进了乡村现代农业经济的发展，同时也解决了农民增收问题和稻田甲基汞暴露风险等问题。此外，该项目采用的治理策略具有能够无缝对接相关产业，并同时形成新产业链的特点，带动了当地经济的发展。

参 考 文 献

[1]　刘家彦. 贵州省环境污染对农业生态环境的影响[J]. 贵州环保科技，1998，（4）：40-44.

[2]　杨路勤. 万山汞矿工业遗产研究[D]. 贵阳：贵州民族大学，2016.

[3]　中国新闻网. "汞都"万山转型之痛：10 万亩耕地受汞污染[EB/OL].（2014-02-28）[2020-09-08]. http://www. Chinanews.com.cn/cj/2014/02-28/5894417.shtml.

[4]　方亚丽. 万山汞矿持续绽放新魅力[J]. 当代贵州，2019，（22）：38-39.

[5]　林睿. 浅析万山汞矿遗址工业旅游对万山特区的经济作用[J]. 科技信息，2009，（20）：678.

[6]　邱实. 工业遗产的主动式保护——基于矿山公园建设的思考[J]. 建筑与文化，2019，（1）：179-181.

[7]　中国万山区人民政府. 万山朱砂古镇全力推进项目建设　争创国家 5A 级景区[EB/OL].（2018-03-29）[2020-09-04]. http://www.trws.gov.cn/xwzx/qnyw/201803/t20180329_16214878.html.

[8]　夏吉成，胡平，王建旭，等. 贵州省铜仁汞矿区汞污染特征研究[J]. 生态毒理学报，2016，11（1）：231-238.

[9]　唐蒂成，王仲如，龙小青，等. 贵州万山汞矿区农用水体汞污染情况调查[J]. 环境工程，2015，33（S1）：673-675.

[10]　周曾艳，唐蒂成，徐路，等. 铜仁汞矿区土壤汞污染现状调查研究[J]. 环境保护科学，2016，42（4）：52-55.

[11]　王美林，孔令韶，胡肄慧，等. 贵州万山汞矿地区的植物及植物积累汞的研究[J]. 植物生态学与地植物学丛刊，1983，（1）：20-30.

[12]　Zhang H，Feng X B，Larssen T，et al. Bioaccumulation of methylmercury versus inorganic mercury in rice（Oryza

sativa L.）grain[J]. Environmental Science & Technology，2010，44（12）：4499-4504.

[13]　夏吉成. 贵州汞矿区安全农产品生产的农艺调控方案[D]. 贵阳：中国科学院地球化学研究所，2016.

[14]　中华人民共和国农业农村部. 农业农村部关于开展休闲农业和乡村旅游升级行动的通知[EB/OL].（2018-05-20）[2020-09-20]. http://www.moa.gov.cn/nybgb/2018/201805/201806/t20180620_6152706.htm.

[15]　李中迪. 春来花正艳 园区迎客来[EB/OL].（2015-04-10）[2020-09-20]. http://www.moa.gov.cn/xw/qg/201504/t20150410_4500984.htm.

[16]　孙睿婕. 贵州某汞矿区下游土壤-农作物系统汞污染现状及风险评估[D]. 呼和浩特：内蒙古大学，2018.

[17]　多彩贵州网. 碧江："农旅一体"新画卷 "乡村振兴"引客来[EB/OL].（2018-04-09）[2020-09-07]. https://www.sohu.com/a/227733013_610793.

[18]　中华人民共和国农业农村部. 农业部关于印发《全国休闲农业发展"十二五"规划》的通知[EB/OL].（2011-08-20）[2020-09-20]. http://www.moa.gov.cn/nybgb/2011/dbaq/201805/t20180522_6142787.htm.

[19]　胡国成，张丽娟，齐剑英，等. 贵州万山汞矿周边土壤重金属污染特征及风险评价[J]. 生态环境学报，2015，24（5）：879-885.

[20]　铜仁日报. 万山九丰农业博览园：立足绿色生态做强农旅融合[EB/OL].（2019-06-27）[2020-09-09]. http://www.sohu.com/a/323607981-161016.

[21]　吴刚，唐元艳. 万山区高楼坪乡"三驾马车"加速脱贫攻坚巩固提质的背后……[EB/OL].（2019-07-30）[2020-09-20]. https://baijiahao.baidu.com/s？id = 1640456686815238991&wfr = spider&for = pc.

第 7 章　主要成效、经验模式总结与展望

7.1　铜仁市先行区建设取得的主要成效

7.1.1　初步建立土壤污染防治的制度体系

铜仁市作为全国六个国家级土壤污染综合防治先行区建设之一，在管理部门领导下，全面推进了土壤污染综合防治先行区建设工作。通过积极探索实践，先行先试，逐步形成了土壤污染防治联席调度会议制度、农用地分类管理制度、建设用地管理制度、土壤污染源头防控及治理工程全过程环境监管制度，为全国土壤污染防治和管理积累了经验。

7.1.2　强化汞污染源头防控和汞污染过程阻断

1）汞污染源头防控

对典型涉汞企业实施清洁生产改造和稳定达标排放整治行动，实现了典型涉汞企业尾气稳定达标排放。

建立了历史遗留重金属废渣风险管控模式。在摸清了铜仁市汞废渣和尾矿库治理现状的基础上，采用原位修复技术对多个汞废渣和尾矿库环境实施风险整治工程，使铜仁市汞废渣和尾矿库的环境问题得到明显改善。

2）汞污染过程阻断

含汞废渣和汞污染土壤经原位钝化修复后，废渣和污染土壤向大气释汞被明显抑制，阻断了汞的排放。

在汞污染河道实施围堰和清淤综合治理，降低了汞矿区地表水中总汞浓度，阻断了河道汞污染底泥中含汞污染物的二次释放，保障了地表水质安全。

7.1.3　构建了汞污染土壤风险管控和安全利用技术体系

在铜仁市碧江区瓦屋乡司前大坝中、低度汞污染农田及万山区敖寨河和下溪河流域中、重度汞污染农田开展污染风险管控和安全利用示范。

对碧江区瓦屋乡司前大坝的中、低度农田土壤汞污染，推行"水-旱"轮作制

度。推广种植低积累汞的水稻品种并联合根部和叶面阻控技术实现水稻安全生产。水稻收获后，种植低积累汞油菜品种，结合当地乡村旅游模式，打造油菜花旅游文化节，推动乡村旅游行业发展。将油菜籽深加工可进一步获得收益。

对万山区敖寨河、下溪河流域的中、重度汞污染土壤，实施水田改旱地的农艺调控措施。推广设施农业，种植低积累汞的食用菌和蔬菜品种，并联合根部和叶面阻控技术，实现食用菌和蔬菜汞含量达标。

实施汞污染农田风险管控和安全利用中，生产的水稻、油菜等秸秆含有汞，将这些秸秆高温热解制成生物炭。这个过程不仅能去除秸秆中的汞（烟气中的汞通过活性炭吸附回收），而且生物炭还田能提高土壤肥力水平。

综上所述，对未污染和轻微污染的汞污染农田实施优先保护，对低度、中度和重度汞污染农田实施"水-旱轮作"或"农艺调控＋辅助技术"等农艺调控和风险管控措施，可有效控制汞污染土壤风险。

7.2　铜仁市先行区建设技术、经验模式总结

7.2.1　党政同责主抓、各级联动模式

铜仁市先行区建设是一项全新的系统工程，铜仁市行政主管部门高度重视，统一认识，尤其是《中华人民共和国土壤污染防治法》中明确规定"地方各级人民政府应当对本行政区域土壤污染防治和安全利用负责。国家实行土壤污染防治目标责任制和考核评价制度，将土壤污染防治目标完成情况作为考核评价地方各级人民政府及其负责人、县级以上人民政府负有土壤污染防治监督管理职责的部门及其负责人的内容"。铜仁市行政主管部门领导主抓先行区的建设，铜仁市生态环境局、农业农村局、自然资源局、水务局等相关主管部门组成了"铜仁市大气、水和土壤污染防治工作联席会议办公室"，统筹各部门的资源和力量，各项工作分工合作，科学制定污染防治实施方案，明确牵头部门、责任部门和配合部门，各级联动，形成合力。

7.2.2　"水-土-气"＋"查-测-溯-管-治"协同防控模式

水体、土壤和大气是三大环境介质，污染物在这三大环境介质中不断迁移和转化。铜仁市的特征污染物是汞，其具有与其他重金属不一样的特性，即挥发性。因此，在进行土壤汞污染防治的时候，需充分考虑与评估大气汞的影响。铜仁市先行区建设过程中，要充分依托相关科研院校的科技支撑力量，把握污染物的地表生物地球化学循环过程与规律，做到"水-土-气"系统的协同防控。

查明污染区域—进行监测评估—追溯污染来源—管控污染源排放—进行污染治理是 5 个紧密相扣的环节。铜仁市先行区建设严格执行污染防治的客观规律，做实每个环节的工作，在"清源—减量—阻道—治理"层次上全盘规划，统筹兼顾。

7.2.3　"污染防治 + 脱贫攻坚"两手抓、两手硬模式

"十三五"期间，铜仁市肩负"污染防治"和"脱贫攻坚"两大任务。因而，汞污染农田防治策略需既能管控汞污染风险，又能保障农民收益。铜仁市汞污染农用地安全利用与治理中，以"农艺调控 + 辅助技术"为技术路线，调整土地利用类型、推广种植低积累汞农作物品种，培育发展多元化的现代农业产业，如大棚蔬菜产业、食用菌产业、农旅一体化产业等，不仅降低了汞污染农田的环境风险和人体汞暴露风险，而且提高了农民的收益，同步实现了"污染防治"和"脱贫攻坚"的双重目标。

7.2.4　"基础研究 + 污染防治"精准科学治污模式

我国汞污染土壤防控技术等相关研究尚处于起步阶段，先行区建设更是一项探索性和开创性的工程。铜仁市先行区建设要充分依赖科技支撑，支持汞污染土壤防控技术理论的发展，以及相关技术的验证和推广，力争做到精准科学防治。

7.3　铜仁市先行区建设对开展全国土壤污染治理与安全利用工作的启示与展望

自铜仁市先行区建设启动以来，在党中央、国务院的高度重视下，在生态环境部的大力支持下，在贵州省相关政府管理部门的统一指挥下，通过各方共同努力，研究人员在土壤污染源头预防、风险管控、治理修复、监管能力建设等方面进行了探索，并积累了成功的技术和经验，对以后开展大面积汞污染土壤治理与安全利用工作奠定了基础。

7.3.1　启示

1）样板引路与示范先行

针对我国当下存在土壤污染防治技术少、难度大、周期长和见效慢的现状，以及各地普遍存在土壤污染防治基础弱、经验缺乏和能力不足等实际问题，通过率先在典型区域树立标杆，探索出一批推进土壤污染防治和安全利用工作的经验

和模式，再逐步推广实践。从模式上，铜仁市先行区建设过程中，建立了较为完善的土壤污染防治管理体制，从污染源头控制和过程阻断到受污染土地的治理修复，形成一整套土壤污染防治技术、工程、管理综合模式，为各地土壤污染防治工作提供了良好的参照。从治理经验上，铜仁市先行区建设以风险管控为核心，探索出大量的土壤资源安全利用的实践经验，为各地相关工作的开展提供了经验，使其少走弯路、少花冤枉钱。同时，根据经济技术水平，探索适用于各自区域的措施和体系。从经验效果上，铜仁市先行区建设过程中，在管理制度、修复模式和安全利用工作上展开了大量的探索，实现了有效切断污染来源，有效防范环境和人体健康风险，有计划地逐步消除土壤污染危害，为全国土壤污染治理与安全利用工作提供经过实践验证的有效措施和手段。

2）落实政府的主体责任，突出政府的责任主体与核心作用

我国土壤污染涉及的范围广，区域间地质情况复杂，种类繁多，涉及监管部门多，因此，各地在开展土壤污染治理与安全利用工作中，必须增强领导班子的核心力，发挥党组织的凝聚力，由具有极强凝聚力的核心领导队伍协调各部门和各级政府，抽调精干人员工作，提高工作效率。铜仁市先行区建设过程中，铜仁市政府是先行区建设的责任主体，需要严格按照先行区建设方案，将任务分解到相关职能部门和各区（县）、乡政府。同时，铜仁市生态环境局、自然资源局等各个部门在铜仁市委、市政府的统一指挥下，成立以铜仁市市长为首的领导小组，各单位、各部门明确分工，加强配合，建立科学合理的考核制度，部门间通力协作，定期召开部门联席会议，及时解决先行区建设过程中产生的问题，积极推进先行区建设的各项政策和措施，共同为铜仁市先行区建设发力，顾全大局，密切配合，协同作战，努力形成齐抓共管的工作合力，为铜仁市先行区建设起到重要作用。

3）土壤污染治理与安全利用工作和乡村振兴结合的发展思路

土壤污染治理与安全利用工作的开展往往会与当地居民产生直接联系，既要通过土壤污染治理与安全利用工作实现土地的安全生产和保障居民的身体健康，达到"治污"的目的，又要在不降低当地居民收益、提高农业质量效益的条件下，开展土壤污染治理与安全利用工作，获得当地居民的积极支持，主动参与治理，达到协调发展的目的。铜仁市先行区建设过程中，通过受污染耕地土壤修复治理项目，筛选达标农作物品种，降低受污染土壤对农产品的危害，确保农产品质量安全。同时，促成碧江区司前大坝农旅一体化顺利实施，增加当地居民收益；结合低积累作物的筛选，实现敖寨乡、下溪乡等地农业结构调整，提供环保支持，促进农业增产增收；促进以山地工业文明为主题的矿山休闲怀旧小镇——朱砂古镇的发展，积极进行生态修复，改善当地居民的生存和发展条件，既美化人居环境，又通过旅游业带动周边脱贫地区发展，通过土壤污染治理与安全利用工作和

乡村振兴结合的发展思路，实现社会效益、经济效益及环境效益的整体提升，成为乡村振兴和污染防治攻坚整体推进的优良典范。

　　4）重视基础调查与研究在污染防治中的作用

　　铜仁市先行区建设初期，即开展了基础性调查工作，包括查明农用地土壤污染的分布范围、面积，并完成重点区域农用地土壤污染详细调查；启动重点行业企业污染地块详细调查；建立土壤质量基础数据库，基本掌握全市土壤环境质量，这为先行区建设过程中采取有效措施进行因地施策、精准施策提供了大量的数据支撑。基础研究方面，铜仁市积极与各相关科研单位合作，建立产、学、研、管相结合的土壤污染治理修复技术与管理研究联合体，大力加强铜仁市本地汞污染防治科研力量的建设和提升，鼓励并支持地方科研力量全程参与到先行区建设进程中，促进铜仁市产、学、研结合的汞污染防治和土壤修复技术成果的研发-试验-工程-产业化发展，为铜仁市先行区建设提供强有力的科技支撑。

7.3.2　展望

　　《土壤污染防治行动计划》（国发〔2016〕31 号）工作目标明确要求："到2030 年，全国土壤环境质量稳中向好，农用地和建设用地土壤环境安全得到有效保障，土壤环境风险得到全面管控。到本世纪中叶，土壤环境质量全面改善，生态系统实现良性循环。"围绕上述目标，开展全国土壤污染治理与安全利用工作的展望。

　　1）强化法制保障，科学治污

　　明确各职能部门权责，各部门在开展行政审批、监管、监测、治理、处罚和追责等具体工作时，都应以法律为准绳，切实担责，彰显法律的严肃性和公平正义性，为土壤污染治理与安全利用工作的开展和持续深化提供坚实的法制保障。企业既是污染物排放的主体，也是生态环境保护和污染防治的重要一环，《中华人民共和国环境保护法》中明确规定了企业事业单位和其他生产经营者承担防止、减少环境污染及生态破坏损害的责任。企业落实污染防治主体责任是从污染源头上开展依法治污，这既是法律责任和社会责任，也是企业实现高质量长远发展的现实要求。

　　我国土壤类型繁多，土壤污染成因千差万别，污染土壤修复工作面广、量大且任务艰巨。要推动各地根据实际的污染成因、污染程度和污染范围，在完善评估机制和充分论证的基础上，科学合理地把握工作节奏、进度与力度，实事求是地设立治理目标、安排任务，完善地方性土壤污染治理与安全利用工作的指导性纲领，制订土壤污染防治和安全利用工作的战略思路和技术路线，建立土壤污染管理和防治技术支撑体系，编制修复技术指南，明确治理目标。对无污染和轻微污染土地，以维护和提升土壤生态系统为核心，开展耕地质量保护与提升，促进土壤生态系统良性循环；对存在土壤污染风险区域，以控制污染传输途径为核心，严控工业、农业和生活污染源；对污染区，以改善土壤环境质量为核心，开展污染土壤风险管控或治理修复，使污染治理更具有针对性和指导性，力求以科学的态度、优化的组合和较小的投入，取得更扎实、更稳定的治理成果。

2）引入社会资本和企业参与土壤污染治理与安全利用工作

财政部、生态环境部、农业农村部、自然资源部、住房城乡建设部、国家林业和草原局 2020 年 2 月 27 日联合印发《土壤污染防治基金管理办法》，该基金由省级财政通过预算安排，单独出资或与社会资本共同出资设立，采用股权投资等市场化方式，发挥引导带动和杠杆效应，引导社会各类资本投资土壤污染防治，支持土壤修复治理产业发展的政府投资基金。各地在进行土壤污染治理与安全利用工作时，应充分利用土壤污染防治基金。

在政府引导推动下，创新利益共享机制，适时引入社会资本，营造土壤污染防治有利的市场和政策环境，改进政府管理和服务，健全统一规范、竞争有序、监管有力的第三方治理市场，加大财税支持力度，健全多元化投入机制，引入社会资本和企业参与土壤污染的第三方治理工作；通过政府购买服务等方式，组织有关科研队伍牵头实施土壤环境污染状况详细调查和风险评估，吸纳分析检测经验丰富的第三方采样分析检测队伍，加大土壤污染防治专项资金和地方财政保障力度，有序、有力、保质保量完成土壤污染治理与安全利用工作。

3）重视公众参与和兼顾各方利益

土壤污染治理与安全利用工作不是行政管理部门独立完成的，还必须要十分注重社会各阶层的参与，并将其作为土壤污染治理与安全利用工作开展的重要因素。除了设立以政府为主导、各职能部门参与的领导小组，对各项工作的开展进行统筹协调外，还包括由专家组成的科技支撑体系，对土壤污染治理与安全利用工作的实施过程和具体措施进行设计，并对开展过程中产生的问题进行技术性指导。

在企业经营方面，既要实现企业的安全生产，又要减少企业的正当经济受损；在基层百姓方面，既要通过实施土壤污染治理与安全利用工作保障农产品质量安全，又要实现农业生产结构的调整升级达到改善生活条件。积极采取政府推动、村组动员、技术引导、示范引领、成效教育、利益保障等多种带有政策性、情感性、利益保障性等工作办法，只有兼顾各方利益实现生态保护和生产发展两不误，才可以确保在涉及一些地区的农用地安全利用、污染地块开发监管等具体措施的顺利落地，减少土壤污染治理与安全利用工作的阻力。

4）重视先进技术的应用

通过加强吸纳和引进国内从事重金属污染防控工程技术、基础研究和防治管理研究的相关科研人员，在科技攻关和基础研究方面开展相关课题研究，同时通过适用技术的研究、开发、实践和推广，积极探索总结适合不同区域特点的修复治理技术，实践水、土、气协同防控，充分发挥科技支撑作用，以科技创新促进土壤环境问题的解决，建立产、学、研、管相结合的产业化发展模式，集中攻克形成一批需求迫切的关键成熟技术，研发安全、实用、高效、低廉的修复新技术、新产品和新装备等实用化修复技术体系，形成多样化的修复技术模式；推进重点行业企业科技创新和引进新技术，促进超低排放和清洁能源的应用发展，减少资源、能源消耗，节约生产成本，大幅度减少污染物排放，避免已治理修复土壤环境的再度恶化；加强土壤环境信息化管理能力，整合各部门的信息数据，发挥大数据、地理信息与管理系统和全球导航卫星系统在土壤污染治理与安全利用工作的作用，大大提高土壤环境管理的精度和工作效率，通过源头监管、数据共享及实时传输、土壤大数据中心平台等，积极运用在线监测、视频监控等措施，全面掌握区域土壤污染现状、特征，针对不同区域的污染程度、污染范围、特征污染物的特点采取不同措施，实现因地施策，解决实际问题；完善土壤环境监察机构的设置，加强专职专业人员的技术培训与人才引进，积极配备监测、执法和应急处理设备，提高监管能力和应急处理能力。